生活因阅读而精彩

生活因阅读而精彩

好运法则

打开梦想的12把金钥匙

顾彦风／著

中国华侨出版社

图书在版编目(CIP)数据

好运法则:打开梦想的 12 把金钥匙 / 顾彦风著. —北京:
中国华侨出版社,2013.9

ISBN 978-7-5113-3309-4

Ⅰ.①好… Ⅱ.①顾… Ⅲ.①成功心理–通俗读物
Ⅳ.①B848.4–49

中国版本图书馆 CIP 数据核字(2013)第220397 号

好运法则:打开梦想的 12 把金钥匙

著　　者 / 顾彦风
责任编辑 / 宋　玉
责任校对 / 志　刚
经　　销 / 新华书店
开　　本 / 787 毫米×1092 毫米　1/16　印张/19　字数/275 千字
印　　刷 / 北京建泰印刷有限公司
版　　次 / 2013 年 11 月第 1 版　2013 年 11 月第 1 次印刷
书　　号 / ISBN 978-7-5113-3309-4
定　　价 / 35.00 元

中国华侨出版社　北京市朝阳区静安里 26 号通成达大厦 3 层　邮编:100028
法律顾问:陈鹰律师事务所
编辑部:(010)64443056　　64443979
发行部:(010)64443051　　传真:(010)64439708
网址:www.oveaschin.com
E–mail:oveaschin@sina.com

序言

　　人们常说，有些人是命运的宠儿，那些成功的人、幸福的人、重症康复的人、绝处逢生的人，拥有旁人没有的运势，能够从平凡中迸发火花，从苦难中提炼幸福，在危机中逆转局面，谁不想有这样的好运？每个人都期望得到命运的青睐。

　　那么，运气究竟是什么？它时而表现为人在诞生时就具备的天赋，时而表现为人在危难时的灵光一现，时而表现为人在拼搏时遇到的机会、得到的跳板……运气，将不可能变为可能，它真的是由上天注定的，只给极少数人的礼物吗？

　　其实，运气并没有那么奇妙，那些获得好运的人，最想感谢的不是命运和神灵，而是他们自己。成功也好，幸福也罢，那些能够改变困境的人，靠的是毅力，是智慧，是持续不断的行动，简言之，他们拥有强大的心灵，他们创造了自己的运气。

　　人是自己命运的主人，必须想尽一切办法改变现状，让好运注视自己。我们必须深入挖掘自己的内心，找出那些真正能改变生活的东西；还要深入观察自己的生活，找到那些能够提高自身的方法。在本书中，着重强调以下几点。

如果试图改变一些东西，首先应该接受许多东西。你需要正视现实，正视苦难，正视自身的缺点和弱点，并要有改变的决心；

如果想过与众不同的生活，就要有与众不同的思想。你需要克制情绪，丰富心灵，培养品德，让你的生活充满弹性，才能有从容不迫的气质；

如果想要达成愿望和目标，就要善于、勇于行动。你需要从失败中吸取教训，需要在烦恼中寻找出路，更需要懂得如何经营自己、完善自己……

得到命运青睐的，都是肯为未来努力的人，即使当前他们还很笨拙，时不时迷茫，但他们的精神，已经被命运所欣赏。你也应该成为这样一种人：把生命当作挑战，把苦难当作教科书，把生活当作一场愉快的旅行。

当你做完所有的功课，日复一日地积攒着心灵的能量，开发内在的潜能，你已经告别了昨日的自己，成为一个强者。你会发现生活依然是烦琐的，压力依然是沉重的，困难依然是接连不断的，但你已不再惧怕，不再犹疑，不再等待，你会主动寻找机会，创造条件，为目标冲刺，这个时候，幸运已经悄然向你接近。

目录

第一章　让思想超越可能击败你的所有问题
——做一个善于思考的人

002 / 思考,晋级的阶梯

007 / 只要一个人在思考,他就是自主的

012 / 人生事,需思虑长远

016 / 灵活勤勉,开发三个头脑

020 / 分岔口,走向另一条小路

024 / 听听别人说什么,为思维寻找另一个角度

029 / 问题解决不了,因为你的思考不到位

第二章　向你的小宇宙下订单
——相信自己

034 / 自信,好运的先兆

037 / 信心比天分更重要

040 / 超人法则:你能做到的事比你想的要多

043 / 世界上没有一无是处的人

047 / 清理自卑源头,用正确的方法和人比较

051 / 战胜恐惧,就战胜了一次危机

054 / 大声说话,是建立自信的第一步

第三章 让生命的内在充满意义
　　　　——身心富足的法则

060 / 成功来自高层次的要求

064 / 该显的时候要显，该藏的时候要藏

066 / 高贵的人，处处受到尊重

069 / 以爱的方式给予

072 / 每个人都有一笔巨大的财富

075 / 百味人生，你体会过多少

078 / 付出是一种愉悦的体验

第四章 每天练习倒空你的烦心事
　　　　——疗愈内在的忧虑

082 / 忧虑诊断书，做自己的心灵医生

084 / 烦恼的本质：那些你没做好或者做不好的事

088 / 不要把烦恼憋在心里

091 / 把生活看成喜剧，才能改善最糟糕的情况

094 / 淡定，让烦恼瓦解

097 / 简单而富有情致地生活

100 / 悲观时，主动寻找生活的另一面

第五章　找到属于自己的生活公式
——如何控制情绪

106 / 管得住情绪,扛得住压力

109 / 情绪度,把握心理天平

112 / 工作也能成为一件快乐事

115 / 引导情绪,给心情一个出口

118 / 积累心灵能量,战胜情绪

121 / 越有本事的人越没脾气

124 / 生活是面镜子,无须横眉冷对

第六章　让阳光照耀心灵
——宁静之道

130 / 心态安宁,神清气爽

133 / 刻意追求完美,会让你永无宁日

136 / 别让欲望绑架自己

138 / 虚荣,不可忽视的心灵顽疾

141 / 睡眠,心安之道

144 / 不把他人当作自己不幸的罪魁

147 / 让心灵漫步,享受天地间宁静的一霎

第七章　把自己忘掉，以纯粹心对人
**　　　　——如何让别人喜欢你**

152 /　改变气场循环，从身边做起

155 /　亲切地叫出对方的名字

159 /　给别人多一些尊重和赞美

163 /　为人着想，可以是一种习惯

166 /　面子与台阶，他人最需要的东西

169 /　建议、恳求、平和地交谈，不是命令

172 /　距离，受欢迎的秘诀

第八章　列出愉悦的清单
**　　　　——生产快乐的方法**

178 /　那些让我们快乐的小事

181 /　发现一个快乐的自己

185 /　别把生活全泡在苦水里

188 /　拿得起放得下，向未来看齐

191 /　多一些宽容，内心便多一分惬意

194 /　倦怠，扼杀快乐的元凶

197 /　幽默，平淡生活的着色剂

第九章 启动引擎，接近强烈愿望
——经营潜能的智慧

202 / 愿望，必须高于生活

205 / 在灾难中崛起，专注于现实的激情

208 / 患得患失，机遇的大敌

211 / 丧失自我是一场人生灾难

214 / 借助他人发现自己

217 / 不做口头上的梦想家

220 / 他人的反对票，左右不了你的人生

第十章 全心全意只为目标
——源源不断的持续力

226 / 戒除浮躁，让梦想持续进行

229 / 守住人生的 20%

232 / 事太多，学着让别人分担

235 / 吃苦是享受的前奏，没什么大不了

237 / 让自己每天都有一个新的开始

240 / 锻造，钢铁也需延展性

243 / 完善目标，需要不断地自我修正

第十一章　让运气宠爱自己
——在困境中积聚心量

248 / 逆境，帮你淘汰竞争者

250 / 成功需要"死心眼"

252 / 没有什么"不可能"

254 / 你遭遇到第几类失败

258 / 挫折中孕育着智慧与经验

260 / 耐心，为理想加码

264 / 以从容的心态看待不幸，一切没那么糟

第十二章　信念激发潜能
——潜意识的巨大推动力

268 / 心理暗示,潜意识的内在能量

272 / 除了第一,不必考虑其他目标

276 / 必胜的信念,让你战胜对手

279 / 仰望自己,给信念一个高度

282 / 经营自己,给信念添上双翼

286 / 多做一点,就会有所发现

289 / 以梦想要求自己,才能成就梦想

第一章

让思想超越可能击败你的所有问题
——做一个善于思考的人

我们的生活常常依照某种惯性，我们的行为常常遵循某种既定的经验，很多时候我们并不知道行动的原因和意义，这是因为我们很少重视思考的作用。

没有思考的决定是草率的，没有思考的行动是莽撞的。行成于思，在创造运气之前，在付诸行动之前，我们先要学会思考。

思考，晋级的阶梯

> 谁没有用脑子去思考，到头来，他除了感觉一无所有。
>
> ——歌德

　　美国社会学家针对"心灵脆弱"这个课题进行了一系列的社会调查，他们的切入点是社会上弥漫的消极情绪，包括中产阶级的迷茫，校园里层出不穷的暴力事件，不断攀升的自杀率等等，课题组的负责人认为这都是人类心灵脆弱的表现。

　　普遍的社会现象必然有其内在原因。负责人最想询问的问题是："当你在无所事事/嗑药/杀人……之前，你想到的是什么？"受访者的回答是一致的，"我什么也没想。"

　　这个调查似乎走入了死胡同，也似乎得到了结论：导致现代人对生命倦怠麻木的原因，是他们不愿意去思考，不论是思考自身，思考人与自然、人与他人的关系，还是思考自己的未来，现代人越来越不愿意相信思考的力量，西方学者们从古至今不断推崇的思考习惯，被越来越多的人忽视，也许，这才是精神危机的关键所在……

　　法国雕塑家罗丹有一件著名作品《思想者》，艺术家用青铜塑造出一个成熟、刚健、内敛的男性，他用手托住腮，眉头紧皱，垂下头颅，四肢弯曲，似乎被什么未知的压力所压迫着。但是，人们看到的并不是一个被难题压垮的人，而是一种内在能量的聚集,男人在思考,思考的同时,他的表情,他的四肢,都在为某种思想聚拢着,都在展示着一种力量,这种力量,就是思考的力量,是人在面对难题与困境时自然而然产生的力量。

思考能为人带来智慧,带来改变命运的力量,但是,认同这个观点的人越来越少,也许认同者没有变少,只是人们忙着生存、忙着生活、忙着享受,忘记停下来想一想为什么生存,该如何生活,自己究竟需要什么样的享受。越来越多的人忽视思考,甚至把思考当作空想,认为思考不如做事,他们武断地把行动和思考对立起来,导致行动没有计划,目的混乱,没有持续的进取力,即使如此,他们也不认为是思维方式出了问题。

没有思考的行动常常是鲁莽的、失败的,没有慎重的思考,就考虑不到可能遇到的问题,更想不到解决问题的办法。凡事凭直觉,凭运气,那么做任何事都像是拿着自己的筹码赌博,赢的可能占不到一成。有些人天生运气好,靠着直觉闯过一个又一个难关,但也不要为此沾沾自喜,好运气有用尽的一天,霉运来了,你没有应对的能力,没有承受的心理,你的苦日子也就开始了。

没有思考的头脑和心灵都是贫瘠的,因为太过缺乏条理,缺乏归纳和举一反三的能力,缺乏包容性和承受力。于是,遇到困难的时候,头脑是僵硬的,心灵是恐惧的;遇到顺境的时候,头脑总算有了短暂的休息期,却想不到如何维持这个境遇,心灵是得意的,却不知警惕自己不要被胜利冲昏头脑;更多的时候,头脑是空的,心灵也是空的,因为里面没有多少内容,不会去想,也就没有多少情感和计划。

一个十几岁的孩子正在山里放羊,一位旅行者问他:"去年我来这里的时候,就看到你在放羊,你有没有想过为什么放羊?"小孩说:"妈妈让我放羊我就放羊。"

旅行者说:"那你为什么不想想自己到底喜不喜欢放羊?你上过学吗?你去过山外吗?你想不想去看看别人怎样生活?"孩子困惑地摇了摇头,根本听不懂旅行者在说什么。

旅行者只好换了一种更加通俗易懂的说法:"你想不想吃到更好吃的东西?想不想穿更漂亮的衣服?想不想有更多玩具?"孩子说:"我妈妈做的羊肉泡饼最好吃,过年的时候,我就有新衣服,玩具?我们经常玩磨石子,还有比它更好玩的东西吗?"

旅游者哑口无言,他想,这个孩子回家后,也许会对他的父母说:"今天我碰到了一个特别奇怪的人,他竟然问我为什么要放羊!还说世界上有比羊肉泡饼更好吃的东西!"想到这里,旅游者一阵悲哀,再也说不出话来。

封闭的心灵环境,产生不出任何灵感的火花,当一个人习惯于一成不变的生活,并形成一种思维定势,认为生活必然如此,生活必须如此的时候,他已经封闭了自我,满足于现状。他只会像放羊的小孩那样,在羊丢了的时候想想羊去了哪里,剪羊毛的时候想想买什么样的工具——大脑的用处仅止于此。

有头脑却闲置不用,不但是一种浪费,还是对个人生活的放弃。放弃了改变的机会,放弃了进步的机会,很多人对思考这件事,也存在很多误解。有人认为思考是一件枯燥的事。一想到"思想家",脑海中自然浮现出大胡子,白袍子,老得快走不动路的老人,他们喜欢侃侃而谈,只说不做,或者说的话谁也听不懂,也许连他们自己都不懂。为什么"思考"、"思想"给人留下了这样一种印象?

一是因为人们懒得去思考

思考并不是一件让人身心舒畅的事，多数时候，越想越会觉得事情复杂，越想越觉得问题多多，还不如什么也不想，任由日子一天天过去。当代作家刘震云的著名小说《一地鸡毛》，阐述的就是这种多数人拥有的"鸡毛心态"。男主人公说："其实世界上的事也简单，只要弄明白一个道理，按道路办事，生活就像流水，一天天过下去，也蛮舒服。舒服世界，环球同此凉热。"这个"道理"，就是别人怎么做你怎么做，什么也不要想，什么也不要试图弄懂，否则就会有无穷无尽的烦恼。

人们也不会去想如此懒下去，他们会面临什么样的结果，他们面临的是一成不变的生活，再也没有波澜的人生，他们会像齿轮一样运转，直到老死。临死前回顾自己的一生，该做的都做了，但没什么亮点，和多数人一样。他们总会有些后悔的事，某个时候如果勇敢一点，某个时候多想几步，也许人生就会完全不一样，就算不安稳也精彩。可惜，当他们这么想的时候，一切都晚了。思考，越早越好，不要等无能为力的时候再去想。

二是因为人们不知道该如何思考

世界是易变的，人性是复杂的，想要了解每一个人，弄清每一件事，钻研每一种学问，无论从精力上还是能力上，都没有可能。人们难免会产生"想再多也没用"的思想。

更多的人没有有效的思考方法，想着想着，不是走上弯路，就是思维进了死胡同，对解决事情没产生一点好处，反倒让自己心烦意乱。于是，他们倾向于放弃思考，依从感觉，听从他人的建议，希望有人将自己的生活安排好。久而久之，他们丧失了自主能力，成了他人的附属品，他们常常觉得活着不是为了自己，的确，他们根本没有自我。

三是因为人们害怕思考

五四时期，钱玄同曾劝鲁迅写些文章唤醒愚昧的民众，后者却说："假如一间铁屋子，是绝无窗户而万难破毁的，里面有许多熟睡的人们，不久都要闷死了，然而是从昏睡入死灭，并不感到就死的悲哀。现在你大嚷起来，惊起了较为清醒的几个人，使这不幸的少数者来受无可挽救的临终的苦楚，你倒以为对得起他们么？"

鲁迅对人性的观察深入骨髓，很多人拒绝活得清醒，特别是那些习惯了某种生活的人，改变对他们来说并不是一件好事，他们更希望浑浑噩噩却安安稳稳地度过一生。对他们来说，变数是生活的大敌，一旦现有的生活状态被打破，他们会茫然失措，根本不知道自己该做什么，该怎么做。于是，最好的办法是什么都不要想，因为"想也没用"。

可是，即使这些想要庸碌的人，在潜意识里也知道自己会面对什么，他们常说"人和人不一样"，常说自己只在乎安稳过日子，这是真的吗？让我们看看他们如何教育自己的孩子吧，他们绝对不会对孩子说："活成爸爸妈妈一样就行了！"而是让孩子好好学习，参加各种特长班，因为他们早就否定了自己的生活，认定孩子绝对不能和他们活得一样。他们的"安稳"，只是一种无奈。

想要摆脱这种无奈，想要得到运气的青睐，就必须打破思维的"铁屋子"，而不是在一成不变的思想里老死，要学着了解思考的益处，领略思考的乐趣，把思考当作一种习惯。思考是阶梯，是过渡，可以引导一个人从低处走向高处，从平凡走向不平凡。重视思考，就是重视生活、重视生命。

只要一个人在思考,他就是自主的

> 我思故我在。
>
> ——笛卡尔

一个男人找到在山里修行的和尚,诉说起自己的烦恼。这个男人是附近村庄的农民,会走路就跟在父母身后干农活,几十年勤勤恳恳,日子不富裕却也不拮据,一家人和和乐乐。

半个月前,有律师来找他,说他远房的姑妈去世了,留下一笔遗产,他是唯一的继承人。他被这突如其来的消息惊呆了,随之,家人欢呼雀跃,他们平白无故地得到了一大笔钱。

喜悦没持续多久,这笔钱很快就成了一个包袱。家人为如何利用这笔钱争执不下。父母认为应该用这笔钱包一座山头,听说有人采矿成了大富翁;妻子认为应该用这笔钱在城里买房,不能子子孙孙都窝在农村不出头;刚上班没几年的儿子希望父亲把这笔钱给自己投资做买卖……不但家里的人各执一词,亲戚朋友们也纷纷来出主意,劝他拿这笔钱投资,或者干脆向他借钱,保证连本带利偿还。

男人说,他觉得哪个人说的都有道理,不知道该听谁的,听了一个人的,又怕其他人不高兴。他家里农活没人干,大家都在争论怎么花钱,都跟他闹别扭,晚上不让他睡觉跟他讲道理,没办法,他只好请高僧帮忙想想办法。

和尚听完他的诉苦,问道:"那你呢?你想做什么?"

"我?"男人一脸茫然。

和尚点点头，说："对啊，你对这笔钱有什么想法？你最想用它做什么？你对你的未来有没有构想？"男人说："我没想过，我从来没想过这些。我就是觉得大家都好，我也就好了。"和尚怜悯地看着男人说："你没有自己的想法，难怪会被人牵着鼻子走。"一番开悟，男人还是觉得自己"没有任何想法"，望着男人失望而去的背影，和尚自言自语地说："连自己的思想都没有，给他再多的钱，又有什么用呢？"

和尚的话没错。如果一个人没主见，即使有了改变命运的机会，他依然不能把握，就连机会本身，都会变成他的烦恼。人们常说："命运是由自己决定的。"

"主见"的范围很广，既包括一个人对世界对生活的基本看法，是他对未来的基本构架，也是他为人处世时的准则。一个有主见的人有时候表现出固执己见，让人头疼，但固执己见好过毫无主见，没有主见的人不能形成判断力。就像墙头草，风一吹就摇晃，别人说一句话，他就认为是真理，说话的人多了，他就会茫然，不知道谁说得更对。

所以，主见，可以概括成一句话：支配自己人生的能力。以故事中的那个男人为例，具体说说主见对一个人的影响。

男人从小生长在农家，种了几十年地，他从没有考虑过另一种生活，也根本不考虑自己有另一种人生，他处于认命状态，父母怎么做，祖祖辈辈怎么做，他就怎么做。他安于本分，没有野心，对于未来，他根本从没想过，他唯一的希望是秋天的时候多收一些粮食。在这种情况下，他从来不去拿主意，有什么事可以听父母的，听媳妇的，听子女的，也许他觉得这些人比他更有见识，想到的主意比他更好。没有主见的人的第一大特点：从来没有自己的主意，什么都希望别人为他想好，安排好。

男人突然得到了一笔遗产，对想要改变生活的人来说，这无疑是天大的喜事，去进修，去创业，去旅游，哪怕拿着这笔钱大大挥霍一番，见见那些自己从没见过的世面,也算没白白浪费这笔钱。但男人却不知如何是好,他看到家人亲友为这笔钱争吵,头疼得躲进了山里,他实在不知道如何应对这天大的好运。没有主见的人第二大特点:常常坐失良机。

再说说男人亲友们的花钱提议,买山头也好,乔迁也好,创业也好,投资也好,每一个听起来都不错,每一个当然也会有弊端,男人呢,根本不会分析利弊,所以他听哪一种建议都觉得好,看不到这些建议中潜在的风险。想不到包下的山头也许根本没有东西可采;乔迁到城市后无以为生;创业经验不足也许赔本;合伙投资可能被骗……没有主见的人第三大特点:缺乏分析能力,容易上当受骗。

男人最后会做什么呢?和尚无法让一个没主见几十年的人片刻就有自己的主意,男人可能会听亲属中某一个人的意见,也可能把财产分一分,让几个亲属按照自己的意愿去办事,他自己多买几头猪几头牛继续过日子。他这种做法会换来什么?是身边人不断的抱怨,甚至嘲笑。没主见的人第四个特点,也是最大的悲哀:他们不被任何人重视。

不能自主的人生有多可怕,由此可见一斑。所以人们常说:做人最怕没主见。想要有主见,唯一的办法就是常常思考。仍然拿故事中的男人为例,如果他早就动脑筋思考,他也许会去想如何不做一个农民,或者做一个成功的农民,那么他的命运至少会与父母不同;当他得到突如其来的遗产时,更不是茫然失措,而会借着这个机会,把自己一直想做,却没有资金做到的一些事一一落实。他也许买地,也许买果树,也许盖房子,也许建学校……可惜他什么也没想过,机会来临之时,自然什么也想不到,什么也做不到,只能由人摆布。

想要把握命运,把握时机,创造自己的生活,首先要有主见,用思考为自己建造一个自我空间,把自己的未来、自己的现状、自己的能力全都计算在内。这种思考,既需要学识的累积,也需要经验的累积,更需要经常反观生活,反省自己,提醒自己目标的重要。从最简单的方法入手,想要做一个有主见的人,首先要做到以下三点。

知道自己未来想做什么

一个人未来的理想可以决定他的现在。有目标的有计划的生活来自于一个人对未来的理想。不管你此刻是什么年龄,什么身份,过着什么样的生活,你都有权利为自己构想一种未来,即使看上去不太可能。命运如何改变?一要敢想,二要敢做。一旦目标确定,整个人就会有新的活力。当然,目标不可太空,否则就是幻想。

如何制定符合自己能力的目标?你需要思考。想一想自己有什么长处,在各种尝试中发掘自己的兴趣和志向所在,世界上没有垃圾,只有放错位置的宝贝。只要找到自己的闪光点,沿着这个方向努力,任何人都可以开创属于自己的一番事业。这个发掘过程可能很短,也许你在很小的时候,别人就会说:"这个孩子画画真好,将来肯定会成为一个画家!"这个过程也可能很长,你也许一直在做不适合自己的事,你需要仔细想想这是不是你的特长所在,现在的生活是不是你想要的,然后有取有舍,重新出发。

知道自己现在该做什么

有目标也要有计划,计划,就是实现一件事的具体步骤,这一年要做什么,这一个月要做什么,明天要做什么,长期目标和短期计划结合,是达成目标的有力武器。计划的执行需要恒心也需要耐心,不论发生什么事,也要把制定好的计划执行到底,这是成功者的共识。

想要制定最恰当的计划,依然需要思考。现阶段的自己能力如何,能做到什么程度?需要什么样的资源,如何得到?需要什么样的意见,向谁询问?如果计划出现突发状况,怎样应付?一份计划越周全、越详细,实现的可能性就越大。想要锻炼自己制定计划的能力,可以从身边小事做起,例如,制定一份长跑健身计划,制定一份健康食谱计划,制定一份每天半小时阅读计划,或者制定一份学习外语计划。在持之以恒中了解计划的恒定性和变数,培养自己的耐心和毅力,久而久之你的生活会更有条理,你也能在执行计划过程中得到更多思考能力。

知道自己应该怎么做。

有目标也要有方法。好的方法能事半功倍,不合适的方法会事倍功半,甚至会带来失败。不论是感情一类的抽象事物,还是工作生活中的具体事物,想要解决前进道路上的难题,必须找到合适的方法,不然这些问题就会成为绊脚石,不是让你摔跤,就是干脆挡住你的路,让你不能前进。

想要找到最好的方法,依然需要思考。有些方法可以向有经验的人讨教,避免自己走弯路;有些方法需要自己总结,用失败通向成功;有些方法需要发挥大胆的创新精神,甚至需要"赌"一把。方法,其实就是具体问题具体分析,找到问题的核心和关键。遇事不要害怕,试着凭借自己的力量去解决,经验和胆量就会不断增加。直到遇到问题时能够临危不惧,有自己独特的思路,培养出力挽狂澜的力量。

自主不容易,却也并不困难。每个人都能通过自己的努力,拥有自己的思想,自主的关键点在哪里?坚持。你可以听从别人的意见,也可以通过实践修正自己的想法,但这种听从、这种修正必须建立在观察思考的基础上,而不是听风就是雨。思考你的人生,你的生活,你所遇到的每一件事,有思考,你所说的每一句话都有你的意思,你所做的每一个决定都关系到你的未来,你就是自己的主人、命运的主人。

人生事，需思虑长远

明者远见于未萌，而智者避危于无形。

——司马迁

王佳与王秀是一对双胞胎，人们都说双胞胎不但在长相上相似，就连个性也一样。不过，王佳和王秀却选择了截然不同的人生道路。

最初的不同来自高考报志愿。在那之前，她们也和很多双胞胎一样，穿同样的衣服，扎同样的马尾，同起同睡，就连最爱吃的零食都是同一个牌子。她们的素质也差不多：学习成绩一般，爱说爱笑，运动神经不错，喜欢交朋友。高考志愿表发下来那天，她们第一次发现彼此的人生志向并不一样。

王佳和多数高中生一样，希望能考上一个本科大学，哪怕不是重点，只要毕业文凭是"本科"，至少"拿出来好看"，父母也都支持她的想法。王佳选择了本市的一所师范大学，她觉得自己的选择非常稳妥。

王秀却不认同王佳的想法，她说："你为什么不能考虑得长远一点？你想想，现在师范有多热门，不说多少人想考师范，就连那些非师范专业的人都想考教师证。咱们的成绩一般，只能进一个二流师范大学，学了四年没学到多少东西，毕业出来能有多少就业优势？还不如进一个专业过硬的专科学校。"这种观点，王佳听了直摇头，哪有能考上本科的人进专科学校的？最后，姐妹俩按各自志愿，王佳报了师范，王秀报了一所专科学校的英语专业。

四年的时光一晃而过，姐妹俩又一次面临选择。四年来，她们过着完全不同的生活,王佳依然带着学生气,正在为师范生节节走低的就业率唉声叹气,甚至准备放弃找工作,想要考研究生或公务员……王秀呢,她选择的专业是那所专科学校的王牌专业,她不但有了扎实的专业底子,还在上学期间就参加了各种社会实践。她性格好,能力强,临毕业前就有不少公司"预定"了她。

而王秀再一次让王佳大跌眼镜:她没有选择市里一家有名的企业,而是和父母商量要去当个"北漂族"。她说:"我学的东西只有在大城市才有最大的发挥空间,我一定要进一家外企,哪怕去做最不起眼的工作,也是一种锻炼。如果我够努力,得到公司的重视,那我就会有公费进修的机会。"

又过了几年,两姐妹的生活截然不同:王佳在家乡的一个小学当老师,结婚生子,为房贷奔波;王秀正如她设想的那样,得到了一个公费进修的机会,而且是去外国进修,进修完毕,就会留在那里开发市场。王佳想到高考那一年,王秀说"你为什么不考虑得长远一点",悔恨的感觉就会涌上心头。如果当初,她也能想得远一点,是不是也能和王秀一样拥有辉煌的人生,而不是做一个普通人,碌碌无为地度过一生?

"思考人生"这件事,十个人会有九个人告诉你:"先别思考了,把你的作业 /工作 /家务 /恋爱先做好吧!"思考一个具体的问题,是肯动脑子的表现;思考一个大而空的问题,就是空想或者不切实际。这是大多数人的思维习惯。

但是,比起具体的问题,再也没有什么比"人生"更值得思考的。不思考人生会出现什么结果? 先看一下别人的人生。

一个毕业生因为就业形势严峻,只好找了一个根本不对口的工作,又因为福利不错、工作轻松而一直做这份工作,本专业学到的知识全部荒废。过了十年,他突然发现当年成绩不如自己、比自己找工作还困难的同学们一个个都拿着比他高几倍的薪水,而他所在的公司正在转型,他有被裁员的危险,他终于开始后悔:

为什么当初没有坚持自己的特长?

　　一位博士生正在人才市场焦虑地投着简历,本科毕业的时候,她看就业市场低迷,选择读研;研究生毕业的时候,就业市场继续低迷,她选择读博。现在她没得选出来找工作,却发现就业市场比几年前竞争激烈了好几倍,现在的她高不成低不就,去当中学老师她心有不甘,但又进不了大学的门槛。何况还有结婚问题,她把大把青春奉献给了学业,如今成了"第三类人",还没有男朋友……她后悔大学毕业的时候,为什么不把恋爱工作全搞定,那时候的她最具优势,也最有可能得到好的婚姻与工作。

　　一位女士结婚三年,终于离婚。三年前的她,因为年龄渐大,家里逼婚压力大,周围的人又都纷纷劝她,刚好在相亲大会上遇到一位还算合适的男性,就以结婚为目的开始谈恋爱。在恋爱过程中,她发现二人性格不合,但想到分手后面临的非议,继续"恨嫁"所要忍受的寂寞,就觉得"干脆嫁了吧,别人的一辈子不也是这个样子?"婚后,她经常与先生争吵,二人总是因为芝麻大的小事吵得不可开交,直到离婚。这位女士再也不为结婚着急,她终于明白:"婚姻不怕等,找不到合适的人,结了也是白结。"

　　……

　　这些事,如果一开始就思考了,想明白了,还会浪费自己的时间吗?很多事都是如此,一念之差,今后的道路也不一样。如果不能以长远眼光做出判断,就找不到最正确、最适合自己的那条道路,走弯路,走错路,有些幸运的人走了错路,有机会迷途知返,回到原点重新开始;有些人没有从头再来的机会,只能不住地后悔,并用自己的经验教训后辈,一定要多思多想,切不可鼠目寸光。

　　思考能够得到什么?思考本身并不能让你得到什么,充其量让你得到一些想法。但把好的想法付诸行动,却可能得到好的未来,好的运气,财富、爱情、事业……这些东西都依赖你对生活和自我明确的认识,以及正确的行动,要相信机遇不会眷顾没有脑子的人。

思考能够改变你的生活。当你对此时的生活产生疑问,当你想要得到改变,思考是第一步。弄明白产生现状的原因,是个人问题,还是环境问题?想要改变需要做什么,成功率有多少?改变的后果是什么,是否会比现在更好?即使思考的结果是暂时的忍耐,也是一种力量的积蓄,对未来大有神益。

思考让你更有智慧。多数人懒于思考,他们会对你说:"我脑子笨,太复杂的事根本想不明白。"于是随波逐流,别人说什么,他们觉得哪句有用,就搬来当作自己的生活感悟。这样的人会让他人觉得乏味。有些人总是觉得自己说话不吸引人,与其感叹,不如想想如何能形成自己的见解,只有属于个人的独特的声音,才能吸引他人。

思考能够让你认识自我。多数人天生的意识是狭隘的,只能看到自己的小世界里的风吹草动,对自己也不够了解。而通过思考,你会发觉人与人之间巨大的区别,你会发现世界不是你想的那么简单有序,你会学着不把任何事都当作"理所当然"。在这种思考中,你成长,成熟,让人刮目相看。

最重要的是,思考能够规划你的未来。不论一个人的现状如何,他都可能有机会改变。贫民窟的孩子可能成为大富翁,衔着金钥匙出生的少爷可能沦为街头乞丐。世界上的事就是这么变幻莫测,如果对自己没有一个长远的打算,一味地被命运推着走,就像一条顺水的小船,不是在大海里漂个没完,就是搁浅在乱石滩上,所以,你必须思考自己的人生方向。

在具体的人生困境中,一分钟的思考抵得上一小时的抱怨、指责和唠叨,把做无用工的时间全部放在思考上,能想多少就想多少,你的思维便会一天比一天缜密,心智一天比一天成熟,气质一天比一天沉稳。不论何时,都要牢牢记住这样一句话:人生事,一定要想得多、想得远,你才能笑到最后,笑得最好。

灵活勤勉，开发三个头脑

> 人生来有三个头脑，天生一个头脑，从书本里得来一个头脑，从生活中得来一个头脑。
>
> ——蒙田

古希腊有位哲学家每天思考人类命运，即使夜晚走在街上，他也仰望着头顶的星空，思考着宇宙和人类的关系。这一天，他光顾着看星空，一脚踩空，掉进一口井里。人们嘲笑他说："看，哲学家只想着天上的事，连脚下的路都看不到！"

这位哲学家叫泰勒斯，后来，他通过观测星象的本事，观察到某一年的天气适合种葡萄，于是在那一年种了大量葡萄，大赚一笔，算是挽回了众人对他的印象。

"只想看天上的星星，却看不到脚下的井。"这句话经常用来形容那些想事情想得过于专注，以致忘记现实的思考者。这也是喜欢思考的人常常面临的窘境：思考到位了，行动没到位。或者，计划没有变化快，想得好好的，实际情况却全然不是那么回事。这种时候，你需要检讨一下自己的思考模式，或者说，你需要多开发几个大脑，一起思考，就像一台电脑有双核，才能运转得更快更有效率。

有人喜欢把大脑形容为一台计算机，他们试图找到大脑的行为模式，科学家的实验也取得了一些成果。但是，大脑的运转仍然是一个复杂的、不可捉摸也不可控制的过程，说到开发，谈何容易，更多的时候，我们无法保证思维和行动的同步,也无法保证思维和语言合一,我们脑子里的东西,远比表现出来的要多。但是,这些东西杂乱无章,让我们无从着手、无从管理。我们的思维经常被扰乱,无法理出清晰的线路。

市面上有很多"健脑课程",他们卖弄着各式各样的"头脑概念",教导人们如何开发大脑"左半球",如何培养记忆能力……王森曾经是这些课程的信奉者,他不但有一书架相关书籍,还参加了"记忆高手"、"健脑专家"举办的培训班,跟着他们学习如何集中精力;如何在阅读的时候找重点,实现"一目十行";如何在一天之内记下一百个单词。

尽管经过五花八门的训练,王森的感想却是:"当时觉得很有效,过后就全都忘了,根本无法应用。一开始觉得是自己太笨,方法不对,所以继续学习。后来发现学多少遍都一样,与其信这些东西,还不如自己踏踏实实地阅读,背单词,做事。"

不再花费大量时间学习如何思考,王森变得越来越踏实,他用三年时间"开发大脑",荒废本职工作,一事无成;等他抛弃了这些课程,兢兢业业地工作了三个月,就得到了经理的夸奖,说像他这样不好高骛远的员工实在难得。而且,三个月的时间,王森跟着经理到处跑,学到了不少东西,业务能力也提高不少。他说:"不论做什么都是学习,我呢,以前偏要去学'学习的方法',这不是多此一举吗?"

人应该管理好自己的大脑,这种管理需要智慧、需要实践,有时候也要听从别人的意见,吸取别人的教训,但是,就像王森经历的那样,这些东西需要自己摸索,自己总结,而不是把旁人的"一整套"方法塞进自己的大脑。总有专家倡导各种教育方法,他们的机构有几个神童出现? 想想这一点,你就会知道这些"学习"不靠谱。

人们迷信这些方法的根源是什么? 是思想上的惰性和依赖性,换言之,依然是思考得不够，才会被别人"洗脑"，相信运用别人的方法，人人都是天才，人人都能做成功者，人人都能当亿万富翁。冷静一下，仔细想想，如果这些方法真有效，为什么天才、成功者、亿万富翁那么少？别再被这些盯着你的懒惰和钱包的机构哄骗，你能依靠的只有自己的大脑。

聪明的人运气好，因为他们有眼光，看得到机会；因为他们灵活，能够化解危机，因势利导；因为他们自信，不言败，愿意忍耐。那么，如何才能让自己变得更聪明？这需要勤用大脑。就像手脚总动会灵活，口舌常练会有口才，头脑总用，也会越转越快。

要学会开动天生的大脑

每个人都有自己擅长的事物，内向的人注重精神世界，偏向哲学类的分析；外向的人喜欢交际，喜欢分析人的性格，具体事物的做法。每个人都有思维上的长处，有些人想问题深，有些人想问题广，有些人眼光独特，有些人能够一下子抓住重点。

思考，既要发挥出思维的长处，也要找到思维的漏洞，加以弥补。例如，内向的人需要收敛自己的感性，外向的人需要更缜密，想问题的深度与广度必须结合，眼光可以独特，但不能为了凸显独特，而故意把问题想偏。

要学会开动书本中的大脑

人的主要知识来自书本，重要的思考方法也来自书本。多数人用书本上教导的方法生活，例如感情的选择、生存的选择，都会不自觉地运用书本上的价值观。书本上的东西是前人智慧的总结，简简单单几句话却包含无数学问。不然培根怎么会说"知识就是力量"？

不过，尽信书不如无书，书本中的东西固然重要，但也要结合个人的实际情况，做出判断，而不能生搬硬套。同一件事，书本中有不同的说法，这就需要我们分辨是非，判断高下。养成边阅读边思考的习惯，会大大活跃你的大脑。

开动生活中的大脑

人的聪明离不开生活的磨练,每个人都从一无所知的状态,在生活中摸爬滚打,最后走向成熟。生活中的种种行为,哪怕是一件做错的事,只要我们肯思考,都能有所收获,所以古人强调"知行合一",强调实践的重要。思考如果脱离了行动,就会变成空想。

做事要用脑子,想想一件事怎么做最好,不同的做法各有什么样的后果,这件事牵扯到谁的利益,为什么会发生这件事……最初的思维是漫长的,可能会有遗漏,可能会有错误。一旦思考形成习惯,一件事临到眼前,脑中会自动形成一整套的判断和应对方案,人就在这个过程中越来越成熟,越来越沉稳,越来越具备处事的智慧。

运用头脑,也需要掌握一些技巧,例如,思考不是乱想,需要一个方向,也需要具体的方法,不然想了半天,累得头晕脑涨,也想不出一个所以然,这个方向,要么和你此时的目标有关,要么和你未来的大目标有关,要么和你遇到的困难有关。当你需要借助头脑的力量时,千万不要浮想联翩,要有一个重点,由浅入深,解决问题的方法就在这个过程中产生。

有时候思维需要一个喘息的空间,整天思考人生哲理,人也会变得死板。多一些爱好,动动手,动动嘴,思考自然、思考运动、思考交友,都能让你的思路更加活跃。

还有,触类旁通是一种能力。这种能力来自对生活中事物的融会贯通。在交友上得到的经验,也许能用到工作之中;在钓鱼中得到的平静心境的经验,也许能用到长途开车中,只要你愿意深入思考,你会发现万事万物都不是偶然的,都有相通的一面,很多道理适用于各个领域。思考得越多,你越发现世界说复杂很复杂,说简单也很简单。

天生的也好,别处得来的也好,头脑就是这样一个东西,勤用它就灵活,不用它就僵死。科学研究表明,人脑是人体最奇妙的器官,它有超大的存储量,灵活的运转速度,关键在于人们能不能勤用、活用。把思考当作习惯,脑袋,不会越用越钝,只会越用越灵。

分岔口,走向另一条小路

> 林间的小径分为两条,我选择少有人走的那条,千差万别从此开始。
>
> ——弗罗斯特

林巧巧从小就喜欢做手工,她的双手特别巧,全家人的围巾、帽子、手套甚至毛衣都是她亲手织的。她喜欢收集碎布片,不同颜色的毛线,小饰品,再用它们做成新的东西——可能是靠垫,可能是窗帘,可能是一条手工裙子,创造给她带来了无穷的乐趣。她很少外出和朋友玩,喜欢安安静静在屋子里做手工。

也许巧巧把太多的时间放在收集和构思上,也许她的脑子都用在了她的作品上,她的成绩一直不好,不管老师父母多着急,不管找了多少个家教,还是不见起色。巧巧对未来生活毫不担心,因为,她现在已经开始赚钱了!她在淘宝开了一家网店,专门卖自己设计的作品,很多人喜欢她的创意,喜欢她的细致,她接到的订货单已经排了半年。她相信,就算考不上大学,她也可以靠自己喜欢做的手工活养活自己,说不定还会创立属于自己的布艺品牌。

高二那年,她已经选好了未来的学校,她要考到本市的一家职高学习设计,一边学习一边继续搞自己的网店。父母为此大伤脑筋,她却觉得自己的决定既考虑了未来,又兼顾了爱好,再合适不过。直到有一天,在国外留学的表姐特地回国看她,和她谈这件事。

从小一直亲密的表姐详细地听了巧巧的"人生大计",然后才说:"可是,你有没有想想你自己的'起点'?做什么事都有一个起点,你现在是从一家网店起家,淘宝上类似的网店成千上万,你怎样才能脱颖而出?但是,如果你是一所一流美院的毕业生,你的毕业设计就是融合了各种元素的布艺作品,这些作品的身价就会立刻不一样吧?"

巧巧想要说自己并没有那么大的志向,但仔细想想,她继续听表姐说话。

表姐说:"而且,现在人考大学,并不都是为了一张文凭。他们为的是大学里的环境,大学对人的熏陶,大学里可以接触到的人,这些都能提高人的眼界,开拓人的思路。"接着,表姐一针见血地指出,"你现在这种不思进取的思想,如果不改变,会耽误你一辈子。"

表姐的一席话,让巧巧想了很多,有些话她赞同,有些话她还不能理解,但她相信表姐的眼光。巧巧收起了她的布片、针线包、图纸,迅速把手中的单子转给同样爱好做手工的朋友,拿起书本开始读书。为了报考美院,她参加绘画班,每天练习到半夜,坐公车的时候还要拿着一本习题集补习文化课。她告诉自己,现在多累一点,未来的起点就会更高一点。

功夫不负有心人,巧巧考上了一所全国有名的美术学院,未来几年,她没有继续开店的打算,她要跟着老师们好好学习,用课余时间一边充电,一边琢磨自己的作品。现在,不用表姐提醒,她也是一个能够用长远目光考虑问题的女孩,能够牢牢把握人生每一次选择权。

每个人都曾像林巧巧一样,站在人生的岔路口上,左右为难,不知道该选择哪一条路。人生需要面对的分岔口何止一个,有时候我们身边恰巧有个独具慧眼的人,给我们指出一条康庄大道,这是"贵人相助"。更多的时候,我们只能看着两条没有尽头的路,努力思考,希图做出正确的选择。对多数人而言,选择并不容易,两条路各有各的好,哪一边都让人抛舍不下。可惜,人生只能有一个方向。

人一生的历程就是一部抉择史,我们每天都可能面临抉择,有时候要在理想与现实之间抉择,有时候要在爱情与事业间抉择,有时候要在两种方法上抉择。在这个当口,谁也不能说:"我不愿意想这个问题。"的确,有一些人总是把自己的选择权交给别人,让别人帮忙决定人生,若干年之后再感叹:"这并不是我想要的。"这类人,我们不讨论。

我们需要讨论的是当我们想拥有属于自己的人生时,如何选择,才能让人生走向更好的方向,而不是越来越糟。有时候人生就像一盘棋,一步错步步错,无数前车之鉴告诫我们选择必须要谨慎,可是,谁又能做到百分之百正确?人脑不是电脑,做不到百分百,我们能做的,是提高思考能力,提高自己成功选择的几率。关于这一点,并不是不可能。至少祖祖辈辈总结出了一个经验:想得远,错的少。

何谓远见?通俗一点,看到长堤上出现一只白蚁,居民们不闻不问,就有"这长堤早晚要被白蚁啃光,这个地方肯定要遭水灾"的预见,这就是见微知著的远见。没有远见的人总觉得这件事神奇,有远见的人一个劲叹气:"这是多么明显的事,为什么你们想不到?"人与人的思考能力不同,结局自然不一样,有远见的人,总能避开最多的风险,常常一帆风顺。

举个例子,婚姻是大事,选择一位合适的人生伴侣,是每个人的梦想。不论恋爱结婚还是相亲结婚,你是否能了解对方的个性,并了解自己的接受能力?你是否能够预见你们未来的生活,是和和美美还是战火连天?是否有离婚的风险?对生活,对他人,对自己都要有足够的了解,才能形成远见,不然只能形成冲动和错觉。

学会选择是一项必要的生存技能、生活技能,会比较,会分析,有远见,就能在众多选项中选出对自己最有利的一项。选择没有对错,只有适合还是不适合。

有些人喜欢走大众路线,他们渴望平凡却充实的生活,渴望现世安稳岁月静好,他们的一生未必比那些经历大风大浪的人要差;有些人偏偏喜欢特立独行,哪条路人少,哪条路危险,他们就选哪条路。他们中的一些人停在半途,一些人历尽磨难修成正果,对他们自己来说,哪一种结果都不会后悔。

面对选择,切忌茫然。有些人的选项多,看哪个都好,干脆闭着眼睛选一个,"反正都不差",但是,别忘了有句古话叫"失之毫厘谬以千里",做菜时多放一丁点调料,整盘菜的味道都会不同,人生何尝不是如此?想要吃到最可心的味道,只能在烹饪的时候多想,多琢磨,尽量避免少放、错放佐料。因为人生毕竟不是做饭吃饭,这盘不行还可以做下一盘。

面对小的选择,你需要果断。在生活中,我们总能看到优柔寡断的人,一件衣服买黑色还是白色,琢磨半个钟头;一顿饭吃西餐还是中餐,头天晚上就开始烦恼;某天上班是坐地铁还是坐公交,在路上来回走了五分钟还拿不定主意……这样的人不是爱思考,是没事闲的。有时间思考一下如何工作,如何进修,除非你的衣服关系到去大使馆签证,你亟需给签证官留下最好印象;你的西餐中餐关系到终身大事,你亟需讨相亲对象家人的欢心;除非地铁和公交最近双双发生安全事故,你两边都不敢冒险。否则,你为什么要浪费大好时间?

把更多的时间用来思考大问题、大选择,仔细想想你的性格,你的缺点,你适合做什么,你更想要什么,加强这些观念,并减少为琐事烦心的几率。你的性格就会越来越果敢,不为小事牵绊,遇到大事能够第一时间做出决断,这种个性能够保证你节省最多的时间,把生命投资在最值得投资的地方。

还有一些人不是不会选择,而是总对自己的选择抱有疑问和后悔,他们选定一条路,走得却不安稳,总想着"另一条路也许会更好",因为屡屡向后看,总是想着另一条路上有什么。但让他们回头去走另一条,他们又没有那份胆量。这样的人注定在人生道路上患得患失,没走好过去的路,也走不好现在的路,至于将来的路会被他们走成什么样,可想而知。

　　当你站在人生的分岔口,一定要有"需要选择"的意识,一定要重视自己的选择,不能随随便便。道路会把你带到哪里,你可以问问有经验的人,可以想象,可以看看别人的例子。再想想你选择这条路有没有优势,你是否铁了心,就算付出再多的努力也不后悔?

　　有这样一个故事可以供你参考,一个姑娘在两个追求者之间犹豫,她的母亲告诉她:"别烦恼,想一想几十年之后,你们都老了,你更愿意和谁一起生活?"这个简单的故事,教给我们一个最简单的抉择方法:向远看,看你后不后悔。重复一句,选择没有对错,适合你、让你发自内心不后悔的就是好的。

听听别人说什么,为思维寻找另一个角度

> 　　倘若你有一个苹果,我也有一个苹果,而我们彼此交换这些苹果,那么你和我仍然是各有一个苹果。但是,倘若你有一种思想,我也有一种思想,而我们彼此交换这些思想,那么,我们每人将有两种思想。
>
> ——萧伯纳

　　K 先生是某家广告公司的创意总监,每一年,公司会在大学生毕业的时候招一批新人,填补职位空缺,补充新鲜血液。K 先生说:"扭转新人的自我思维模式,是我们每年都要花大力气做的事,今年也如此。"

　　什么是"自我思维模式"? 就是刚刚毕业的新人们总是觉得自己的创意是最好的,听不进别人的意见,不会根据他人的想法完善自己。K 先生说,有些年轻人

身上的才气的确吸引人,他们的想法总能让人眼前一亮,但是,如果他们不懂向前辈学习,不懂如何把自己的方案加入更多让客户满意的元素,不懂在细节处下功夫,他们的想法再好也没用。

K先生还说,十年前的他也是这样一个新人,来到公司后恃才傲物,根本瞧不起老前辈。当时的创意总监每拿到一个项目,都会召集所有人开会,创意总监说:"让我们讨论一下这次广告的具体方案吧。"然后大伙七嘴八舌地开始讨论,K先生觉得他们的讨论既没有新意也没有什么意义。他甚至觉得这个会议只是个"过场",反正最后总监总会采纳自己提的方案。

总监对K先生的"自信"表示忧虑,接连找他谈了几次话,K先生的态度还是那么"嚣张"。最后,总监要求K先生单独做一个产品的企划,然后在开会时说:"这几天有一个洗发水项目,我做了一个企划,大家提提意见。"

K先生还没理解总监为什么说那个企划是他做的,就听同事们七嘴八舌地开始提意见:

"创意足够好,成本太高。"

"这个洗发水是新牌子,没有口碑的情况下做这种广告,有点冒险。"

"男女主角街头偶遇的元素可以保留,其余还需要重新构思。"

……

整整一个上午的反思,K先生终于开始认识到,自己想到的方案并不是那么十全十美,公司的同事们也并不是他想象的那么"没用",他们在行业里浸润多年,目光老辣,让他们提新点子,未必有,但却一眼就能看出方案中的漏洞。K先生最感谢的,恐怕是总监说那方案是他自己的提案,维护了他的面子。

从那以后,K先生开始积极参与讨论,开始重视他人的意见,即使别人不愿意提,他也会找那些有经验有想法的人不断询问。他的能力越来越强,拿出的方案越来越成熟，很快就成了一位优秀的广告人。他经常把自己的经验告诉新人，用"一定要听别人的意见"教育新人，这种观念，已经渗入了他的生活，成了他的行为准则。

现代创造学奠基人，美国的奥斯本提出了有名的"头脑风暴"概念。头脑风暴，是指一群人对同一件事物产生兴趣时集中讨论的情境，没有拘束，没有规则，任何参与会议的人都可以畅所欲言，进而把思维引向崭新的领域，产生新观点、新方法。这一概念被广泛地运用到各个学科、各行各业。K先生所在公司的每次方案完善会议，就是"头脑风暴"的一种形式。

头脑风暴的效果显而易见，只要与会者都愿意说出自己的想法，全部人员开动脑筋，永远好过一个人闭门造车。大家的意见相辅相成，即使争论，也能使最终的方案达到最优化。"风暴"过后，风景不再相同。所以，人们愿意运用这个方法，促进事情的解决。

对个人而言，"头脑风暴"给我们的最大启示，就是一种"听别人意见"的思维方法，同时，也是一种做事的态度。我们思考问题，苦于没思路，没创意，不全面，不切实，每个人的思维都有其固有的模式，自然有优点也有缺点，想要改善和补充，最好的办法有两个，一是不断充实自己，二是向别人学习，后一个方法最直接，也最有效。

别人脑子里有自己脑子里没有的东西。孔子说："三人行，必有我师焉。"每个人的经历不同，生活经验不同，考虑事情的角度不同，对同一个问题得出的结论必然不同。特别是那些有深厚经验的长者，看得多见识得多，有时凭借直觉就能做出准确的判断。

在古代，高官们大多拥有自己的"智囊团"，聘用有智慧的人做自己的幕僚，下判断之前先让幕僚们商议,给出参考意见,为的就是防止自己刚愎自用,一件事没想到,给自己招来祸端。而智囊团的集体智慧,能够保证制定出的政策稳妥,不出现疏漏。一个人的思维力度和广度总是有限的,善于把别人的想法应用在自己的实践中,是成功者的一大特征。

"拿来主义"对个人思考有重要作用。思维有多少个角度?正的、反的,单向的、多向的,集中的、发散的,同样一棵树,天上的鸟看到的是一块可以筑巢的绿地,地上的蚂蚁觉得这是一座高楼,啄木鸟当它是病人,行人当它是暂时的遮阳伞。你是不是总觉得事情太复杂?那就多去了解别人的想法,了解得越多,对事情的评价就越全面。

这些角度对自己又有什么意义?意义很大。例如,你是一个商人,你的目标是赚大钱。最笨的做法是小心算计成本,把成本尽量压到最低,然后打广告铺货贩卖。聪明的做法是什么呢?是先做市场调查,了解人们最喜欢什么样的商品,希望得到什么样的服务,能够接受什么样的价位,最需要商品有什么样的功能……弄清楚这些问题再去开发,事半功倍。

人与人的交往也是一样,你愿意听别人的心声,遇事愿意站在别人的角度想一想,让对方知道你考虑了他的利益、他的立场,他就能看到你待人的诚意,解决问题的诚意,你们就会很容易形成一个"共识空间",相处时互相尊重,有冲突时各自为对方退上一步,你们的关系也会比其他人更加稳固。

不论在事业上还是生活中,肯听人一言的人,总能收益良多。人们常说"不听老人言,吃亏在眼前",这个"老",并不单单指年龄,还有经验。做什么事听听别人怎么说,耐心询问别人的建议,只会让你的计划更加周全,目标更加确定。当然,也有一种人耳根子特别软,别人说一句,他就变一次,这样的人连自己的主见都没有,先回去修炼一下何谓"自主",再来向别人学习吧。

特别是在人生问题上，我们常常觉得难过，遭到挫折，出现迷茫，甚至陷入绝望，这个时候，更要赶快改变一下自己看问题的角度。女友和人跑了，你伤心欲绝，换个角度想，你不过是被一个负心的女人骗了，这是福气；创业失败，想想爱迪生做的灯芯试验，不管失败多少次，他都说："我又发现了一种不适合做灯芯的物质。"天灾人祸发生，不妨想想一口气还在，一条命还在，未来就依然在。

低谷期过去，高潮期来临，你依然要保持这种冷静的思考模式。你发了大财，看看同你一样的发财者现在在做什么，是不是因为过度挥霍而比从前更潦倒？你娶到梦中情人，想一想如何才能在婚姻中保持激情，否则你们只会在日常摩擦中消耗对彼此的爱情，剩下琐碎的婚姻；你事业有成，想想当今的竞争如何激烈，有几个人能立于不败之地？也许你只是时机凑巧才有了现在的位置。凡事换个角度，你会发现人生没那么多浪漫传奇，有时候，甚至可以当作"巧合大全"，"笑话大全"，经常这样想，你的心态会更平和。

经常与别人交谈，与别人探讨，听听他人的看法，看看他人的做法，会让你的思维有更多的角度，让你在思考问题时有更多切入点，自然就会有更多的方法，成功的机会也就随之增多。记住这句话：思考，不只要用自己的脑子，还要用别人的脑子。

问题解决不了,因为你的思考不到位

> 懒于思索,不愿意钻研和深入理解,自满或满足于微不足道的知识,都是智力贫乏的原因。这种贫乏用一个词来称呼,就是"愚蠢"。
>
> ——高尔基

两个皮鞋推销员分属不同公司,一日,他们来到太平洋的一个岛屿上,岛上居民不少,但因为气候常年炎热,根本没有人穿鞋子,所有居民都光着脚板走路。

看到这番情景,一个推销员唉声叹气,给公司打电话说:"马上派直升机或者船只来接我吧,情况糟透了,这么大的一个岛,竟然没一个人穿鞋!"他挂断电话,想到这次白来一趟,耽误时间不说,还影响奖金,不禁大叹晦气。

另一个推销员不动声色,等到前一个推销员被接走,他才给公司打电话,兴奋地说:"我们撞大运了!这么大的一个岛,竟然没有一个人穿鞋!更妙的是,对手公司的那个推销员已经走掉了,我们完全有可能独占这个庞大的市场!"

你是不是觉得生活里总有解决不了的问题,那么想想看,你的问题别人能不能解决?为什么别人能解决而你不能?是能力不到位还是思考不到位?可以负责地说,多数不能解决的问题,是因为你没有尽到最大的努力,没有坚持到最后,也就是说,你在中途放弃了思考。

思考和行动是解决问题的关键,两者缺一不可,而思考是行动的指导。不去分析问题的症结所在,行动就没有方向;不去拟定具体的行动步骤,行动就会混乱;不能预知可能的后果,行动时就会战战兢兢。思路对了,行动成功率就高,思路错了,多完美的行动也会带来失败。从这个意义上来说,思考决定行动的成败。

思考的意义,在于有所创见。解决难题,甚至解决别人无法解决的难题,就是思考的乐趣所在。回想起学生时代,靠自己的脑子解出一道数学题的心情,其实没什么不一样。不一样的是,当时有老师、有考试时间、有升学压力逼迫着你,让你不得不去思考解题。如今,压力没有了,没有人逼你,你可以选择绞尽脑汁,也可以选择不理不睬。

在思考能力的培养上,你必须自己给自己施加压力,否则你永远不可能锻炼出灵活的头脑,遇到问题,你只会慌手慌脚,或者向旁人投去求助的目光。别人给出的答案也许是好的,你可以直接应用,但那颗头脑并不属于你,当他们不在的时候,你怎么办?

再看一个关于推销的故事,你会对思考有更深的了解。

美国布鲁金斯学会培养了无数的优秀推销员。有一年,这个学会给学员出了这样一道实习题目:如何把一把斧子推销给当时在任的布什总统。

这个题目难住了聪明的学员们。他们能言善道,但日理万机的总统显然没空接见他们,听他们的产品介绍;他们勤快,但他们不能把广告发到白宫,哪怕是白宫的警卫;他们擅长制定产品的销售策略,但他们找不到一把斧头和白宫之间的联系;最重要的是,他们看不出总统需要一把斧头,就算他需要,也不用亲自购买……这道实习题难住了众人,很多年都没有学生交上一份令人满意的答卷。

2001 年,一位叫乔治·赫伯特的学员出现了,他查看了布什总统的一些个人资料,发现总统在德克萨斯州有一个农场。很快,他写了一封信给布什:"尊敬的布什先生,近日,我有幸参观您在德克萨斯州的农场,发现其中有一些树木已经枯死,相信您需要一把斧头。我这里刚好有最合适的型号,如果您有意向,请按照寄信地址与我联系。"没多久,赫伯特收到了布什购买斧头的汇款。

对善于思考的人来说,世界上没有难题,只有尚未解决的问题。而解决问题的方法,常常那么简单,你觉得自己也可以做到,偏偏当时没想到这个法子。你觉得遗憾吗?因为没有思考的习惯,明明做事更麻利,手脚更快,能力更高,却凡事都让那些有点子的人抢了先。这个时候,你还能否认思考的重要吗?即使你曾经说那都是"不踏实的胡思乱想"。

思考需要方法,而不是走直线,钻牛角尖是思考方式上的大问题。有些人习惯了一根筋的思维,凡事只能看到一个点、一个面,只有一个思考方向。这个方向是对的倒还罢了,如果是错的,想破头也想不出解决办法。偏偏这样的人固执己见,不管别人怎么劝,都坚信自己是对的,一副"撞倒南墙也不回头"的架势,人为什么会笨?不是因为遇事不愿意动脑,就是因为想不到还不肯听人劝。

回想一下,你遇到难题的时候会有什么样的反应?是兴致勃勃地寻找答案,还是立刻摆着手说:"不行不行,我解不开这题,找别人去解吧,我肯定解不开。"前者是对自己极其有自信、头脑又极其聪明的人;后者则是头脑一般、特别缺乏自信的被动者。而大多数人的情况在这两者之间,他们羡慕前者,却常常因为题目的难度后退,变为后者。

如何才能拥有前者积极乐观的心态?关键在于不妥协,遇到难题的时候,永远也不要想:"我无法解决。"多尝试几种方法,总有一种行得通。就算你真的想不到解决方法,难道不会问那些懂方法的人?关键是下一次你再遇到它的时候,能够自己解决。

有强大的思考能力是解决问题的关键。遇事懂观察、懂推敲,能够具体事物具体分析,找到问题的症结,才能快速有效地采取应对措施。如何让自己变得更爱思考,养成思考的习惯,在遇事时能够沉下心想办法,而不是慌手慌脚?方法有两种。

一种是平时多多积累知识。阅读、他人的传授,都应该记在心里,说不定哪天你就用得上;二是平时多多积累经验。每解决一个问题,都要举一反三地想想,哪些问题可以用同样的方法解决,这次用的方法遇到什么问题会没用,到时候该怎么办? 头脑反复使用,经验反复总结,就能形成一套行之有效的思考模式。

思考是一切成功的起点,在选择之前、在行动之前、在解决问题之前,要在头脑里形成方法、计划和步骤,让每一件事都有条理,都有重点,都能在开始的时候大概预知到结局,唯有如此,才能抓住过程中转瞬即逝的运气,才能不断为自己创造机会,获取更大的成功。

第二章

向你的小宇宙下订单
——相信自己

人之所以平凡,是在于他们无法超越自己,人们宁愿相信自己平凡,也不肯相信自己卓越,他们妄自菲薄,为自己的不思进取找借口,掩饰心中的自卑和畏惧。

没有自信就没有动力,要相信你远比你想象的更聪明、更能干,你应该勇于尝试,找出属于自己的生活方式。运气要靠自己创造,相信自己,才能把握命运。

自信,好运的先兆

> 自信是成功的第一秘诀。
>
> ——爱默生

J先生给人的最大印象就是自信,他常常说:"我是个要做大事的人!"起初,人们认为他在吹牛,听得久了,人们都说:"也许他真是个做大事的人。"

J先生总是用"做大事的人"的处事方法,来要求自己。他要求自己肯学肯干肯思考,多听多问多交流,因为"不知道什么时候会用到什么知识"。他喜欢交朋友,对朋友真诚仗义,他交的朋友三教九流,因为"不知道什么时候会用到什么人"。

J先生什么都敢尝试。别人没有把握的事,他一定会第一个跳出去说:"这件事我能做!"如果对方问:"你有经验吗?"J先生会坦诚地说:"我从来没做过,但我可以学习,我有信心把这件事做好!你看,我已经拟定好计划,请你提提意见。"说着,把自己连夜拟好的计划书递上去。这种态度让人欣赏,十有八九,这件事会归J先生负责。

J先生负责任,他犯了错误从不找客观的主观的或者他人的理由,他会诚恳地说:"这是我的责任,我一定会检讨,一定会找出问题的所在,请不要对我失去信心,再给我一个机会。"于是,机会依然是他的,他可以一次次尝试,直到成功。

J先生总说:"相信我,我的运气一向不错!"即使在他遭遇困境的时候,也会对他的合作者、他的上司、他的朋友们说这样的话,正因为他这种乐观的心态,身边的人都相信他,即使他在困境中,也愿意对他施以援手,因为他一定会想到转危为安的办法。

J 先生当爸爸了,他的孩子有点胆小,做什么事都放不开手脚,他天天都在用同一句话鼓励孩子:"自信的人才有好运!要相信你一定能做到!"几年后,孩子的脸上带着和 J 先生一样的神气,特别大胆,好奇心特别强,什么都敢尝试,看到的人都说:"这个孩子将来一定不得了!"

自信对一个人意味着什么?用 J 先生的话来说,意味着好运。因为自信,才敢于去做那些"不可能的事",才愿意尝试那些"不适合的事",才能够忍受那些"忍不下去的事",自信,就是相信自己能够做从未做过的事,能够做好别人做不好的事。

自信不等于实际能力,有些人自信满满,做起事来却总是出差错,这时候,你就能分辨他是自信还是自大。自信的人不会灰心,他们会找出错的原因,会去一次次尝试直到成功,因为他打从心里相信"这件事我不可能做不好"。而那些喜欢吹牛的人,遇到一丁点困难就会往后退,摆出"这件事我能做好但我不屑做"的模样,换个领域继续吹牛。

自信不是人人都有的,甚至是多数人缺少的。因为人越是成长,越会觉得自己的能力有限,自己能做到的事、得到的机会有限。少了自信,人生就会缺少很多东西,如对待未来的憧憬,对待机遇的勇气,还有对待生活的活力。缺少自信,心灵就会缺少一个敞亮的平台,灵感也好、运气也罢,都没有着陆点。

没有自信是人生的一大遗憾。没有自信的人永远生活在忐忑之中,感受不到"一切尽在把握"的快感,总是把一切成功与失败当作命运的安排,甚至否定自己的努力,这样的人生是黯淡的,没经过大起大落,总让人觉得人生不完整。但人们虽然想"大起",却又害怕"大落",害怕自己从没"起",一直在"落"。

没有自信,人生就缺少崛起的动力,使你一直处于心灵低谷状态,不去想努力的方向,不去尝试改变,即使机遇到了眼前,也会一边想"这么好的事不会轮到我",一边眼睁睁地看着它溜掉。想要改变这种状况,一定要重新认识自己,认清"自信"的重要性。

自信,就是相信自己具备实现梦想的能力。每个人都有自己的梦想,小到一次考试及格,大到创立一个公司,人生道路上有无数大大小小的梦想,你要相信自己有能力去实现它。想要获得这样的自信并不难:先看看那些成功的人具备哪些素质,做了哪些事;再对比一下自己缺少哪些素质,没做哪些事。用时间、耐心和努力尽力弥补这个差距,你没有理由不自信。当然,那些完全不切实际的幻想,不在讨论范围之内。

自信,就是相信自己拥有克服困难的能力。梦想是美好的,现实是残酷的。在通往梦想的道路上,大大小小的阻碍也会折磨着你,恐吓着你,让你一次次摔倒,甚至完全失去站起来的勇气,放弃这一条路。但是,所有人都是从小到大地成长,由弱到强地成熟,这也是自然发展的规律,未来属于那些更有意志力的人,你怎么能不自信?

自信,还要相信自己具有鼓舞他人的力量。自信不是一个人的事,这种信念必然与周边环境和他人发生相互作用。这种作用呈现两种趋势,一种是消极的,一种是积极的。

消极作用表现在所有人都认为你的自信是盲目的,他们不约而同地打击你、嘲笑你,甚至贬低你。

有些人出于关心对你说:"不如你再多考虑考虑,不要把一切想得那么理想。"

有些人出于担忧告诫你:"现实一点,这条路根本不适合你,你也不具备这种能力。"

有些人出于某些负面心理忍不住泼你冷水:"这是不可能的事,别做梦了!"

有些人带着蔑视挖苦你:"就你? 你以为是个人都能做到你想的事?"再伴随

几声大笑……

积极作用表现在所有人都相信你有这样的能力,或者即使他们觉得不乐观,也愿意鼓励你勇于尝试,他们会鼓励、支持你,甚至提供实质性的帮助。

不论他人对自己抱有什么样的态度,自信究其根源,是一种"自我精神力",自信的建立,一靠强大精神力,即使被他人打击依然百折不挠;二靠周围环境的积极作用和他人的鼓励。你必须靠自信改变自己,才能影响他人,让他们由不看好到看好,由挖苦讽刺到刮目相看,最后达到自信的最高层次:看到你自信的笑脸,身边的人也都会觉得充满信心。

机会给有准备的人,运气给有自信的人。只有强大的心灵才能经得住考验,成功接近梦想。当你一无所有的时候,要想想世界上的成功人士们,最初大多都一无所有,他们却能对他人、对自己说:"我一定能行!"记住,摆脱不自信的心态,好运就会向你招手!

信心比天分更重要

> 自信心多强,能力就有多强。
>
> ——赫兹里特

D 是一个运动员,在她的运动生涯中,看到过不少被称为"天才"的人,她们有些有天生的身体优势,例如,身体条件特别好,耐力强,动作协调;有些有天生的运动优势,如反应特别快,眼神特别好,像是能读懂对手的心思般的应变能力。这些"天才"们被选拔、被培养,教练对她们寄予厚望。

相对于她们，D 的条件可谓极差，她个子矮，力气不大，运动触觉也不明显，她是一个不起眼的小选手，但是，她相信苦心人天不负，她有信心超越所有天才。在训炼的时候，她会在身上绑沙袋，她会以别人三倍的训炼量要求自己，她一遍遍琢磨对手的技巧，一点点磨练自己。她一次次胜利，将那些有天才光环的对手打败，她不骄不躁，为的是刷新更多的纪录，直到一次次站在奥运会的金牌领奖台上。她始终相信，信心比天分更重要。

"缺少天分"是人们经常为自己找的借口，世界上有多少天才？难道成功者都是天才？事实表明，那些缺少天分却肯踏实做事的人，成功率比有天分却不肯努力的人高得多。

天才并不神秘。其实每个人天生都会有比别人更好一些的能力，有人跑得快，有人画画好，有人手巧，只是人们的目光总是集中在几个领域，才忽视了其他方面的才能，例如，我们会重视一个孩子的计算能力、文学能力、艺术能力、运动能力，把他称为数学／文学／艺术／运动天才，但很少说一个孩子是编绳子天才、折纸天才、采集标本天才、爬树天才……换言之，每个人都在某一方面具备天分，只是后天被人为地划分了"高下"。

明白了这一点，就不必总是叹息"我没有 XX 的天分"，因为这个 XX 的一定也不具备你的天分。何况，那些获得事业成功、生活成功、感情成功的人并不一定就是事业天才、生活天才、感情天才，更何况，很多被称为天才的人，一开始都有被当作蠢材的经历，随手就能举出很多个例子。

创立相对论的爱因斯坦，四岁还不会说话，上小学时，老师经常为他的迟钝和笨拙生气，就连做简单的手工，他也永远做不好，他还曾经被勒令退学；

提出进化论的达尔文小时候只知道玩，不是去打猎，就是去捉动物，他的父亲批评他不做正经事，所有老师都断言他资质平庸；

美术家罗丹小时候，是别人眼里的"白痴"，后来他走上艺术道路，所有人都不看好，他考美术学院考了三次，还是考不进去……

成功者之所以能在那么多人中脱颖而出，就在于他们具有百折不挠的精神，他们不相信别人能做到的事自己做不到。试想，如果爱因斯坦意志消沉，达尔文中途放弃，罗丹转行去做个小职员，人类历史上将缺少多大一笔财富？

自信是人生的财富，缺少它是人生一大损失。自信比天分更重要，因为天才可能会因各种原因忽视、放弃自己的天分，而自信者却永远不会背离自己的目标，他们像最有经验的船员，始终牢牢抓住船舵，开辟自己的海域。

所以，不必总是在意那些诱人的字眼：天才、财富、条件……拥有这些的人是幸运的，没能拥有这些先天条件的人也不用气馁，因为在你的努力下，你同样可以拥有丰富的人生，命运不是注定的，信心比天分更重要。

关于自信，还需要解释一个长久以来的疑问。人们经常问：自信是不是一种谎言？自信就是让自己相信那些还没有实现的事，相信自己拥有还不具备的能力，相信自己一定能达到看起来不能达到的目标，这和自欺欺人有什么区别？

如果谎言的定义就是"与事实不符的话语"，那么自信的语言和谎言的确没有区别，自信在本质上，就是一种积极的自欺欺人。现实常常是冰冷的，我们必须用尚未实现的美好梦想来安慰自己，如果人们不懂得用"明天会好起来的"安慰自己，那他们该如何面对此时的低谷、此时的困难？自信，是对个人的肯定与对现实否定的结合，相信自己和相信未来缺一不可，否则一切努力都不能给我们带来欢乐。

"面对现实吧。"不论多少人对你说这句话，你都要知道人活着既要面对现实，又始终要有超越现实的愿望和勇气。相信自己和接受现实同样重要。所以，在任何时候，都不要放弃心里的愿望，都不要停止决定了的行程，这种毅力，将决定你的人生。

超人法则：你能做到的事比你想的要多

> 谁中途动摇信心,谁就是意志薄弱者;谁下定决心后,缺少灵活性,谁就是傻瓜。
>
> ——诺尔斯

宋立刚进公司的时候参加入职培训,培训讲师是总公司派下来的一位领导,自我介绍之后,他开门见山地问:"各位,请思考这个问题,为什么我是领导,你们是员工?"

这个问题让在座的新人们露出愕然的表情,谁也不知道该如何回答,领导拿起员工名册点名,被点到的人斟酌着说:"因为你有多年的经验,我们只是新人,还要训练。"

"如果只是经验的差别,为什么有些人不到一年就升职,有些人十年也不能升职?"

"因为……因为……"员工答不上来。

"我来告诉你们,这是因为我做的事比你们都多。"领导说,"想想看,你们愿意一天八小时,按时上下班,还是愿意一天二十四小时都想着工作的事?解决一切可能出现的问题?"

"我觉得,每个人都有他的能力限制,领导的工作,当然不是一个普通员工能够做的。"宋立说,随即又补充了一句:"至少我们中的多数人现在做不到。"

"这就是你与领导的差别。领导认为自己什么都能做到,你们却认为只能做到分内的事。究竟是环境、职位限制了你们,还是你们自己限制了自己?"领导大声说,"一定要相信,你们能够做到的事远远多于你们想的,这就是我教给大家的第一课!"

越来越多的企业在对职工的入职教育中加入了"信心教育",企业要求员工多说"我行的"、"相信自己"、"一定能做到"这类有激励效应的口头禅,而不是谦虚或者推诿类的 "我试试看"、"我不太有把握",他们要求员工不要说 "我做不到",这样的教育为期半个月左右,初步消除了新员工对职场的焦虑,让他们能够充满信心地迎接人生的新阶段,迎接工作上的压力和挑战。

小时候我们都曾想过变成超人,因为想做的事太多,做不到的事也太多,而超人能够上天入地,能够战胜一切困难。渐渐地知道超人只是人们的想象,但有梦想的人没有放弃对"超越"的追求,就像人类从不会放弃对进步的追求。

看看奥林匹克运动会的口号吧:"更高更快更强"。正是人们对自己的要求,对生活的追求,人们创造纪录,再一次次地刷新,享受着"人定胜天"的喜悦,从这个意义上来说,每一个曾经超越自我的人都是"超人",我们离"超人梦想"并不遥远。

在平凡的生活中,很少有人注意到自己的"超人潜质",人们习惯给自我定下种种限制,规定好这件事可以做,那件事不可以做,告诉自己这件事能做到,那件事肯定做不到。最后,很多人把"能做的事"总结如下:工作和过日子。工作,是按部就班地每天操劳,按部就班地升职;过日子,是每个月计算生活费,每天操心柴米油盐。而不是一次次升职,一年比一年过得更好。

放弃变化,是普通人的思维局限。变化带来不安稳,带来挑战,引起生活现状的"大地震",甚至可能让人一无所有,所以,人们把改变、超越这些事划到安全线以外,认为想一想它们都是一种危险信号,干脆不要想。多少人就在这样的故步自封中,庸碌了一辈子。

米太太从小就讨厌手工活，她那心灵手巧的妈妈经常责备她："你怎么这么笨，连缝个扣子都不会。"不但不会缝扣子，她连女孩子中流行的编手链、折玫瑰都学不会，她安慰自己说："反正考大学不需要会编手链，找工作也不需要折玫瑰，就算是结婚，大不了我找一个手巧的男人！"

就像她期望的那样，她顺利毕业、工作，和一个手巧的男人结婚。但她也有必须要面对的难题：这一天，上小学的孩子要求她帮忙做飞机模型，这是明天要交上去的手工作业。偏巧心灵手巧的米先生在外地出差，三天后才能回来。

"妈妈不会做这个，你能不能和其他小朋友一起做？"米太太与孩子商量。

"我也不会做！和其他人一起做，我会被他们笑话！"孩子着急地说。

米太太束手无策，只好硬着头皮和孩子一起用刻刀切木头、黏胶水、试验橡皮筋，他们"工作"了整整一个下午，终于把飞机模型做了出来，孩子拧上橡皮筋，模型飞上了天空。米太太和孩子一起欢呼起来。

这个并不漂亮的飞机模型给他们的生活带来了变化。孩子从此爱上了手工，经常拉着父母一起制作各种模型，米太太也乐在其中，她甚至后悔小时候竟然没有多多尝试几次做手工，白白浪费了大好的童年时光。

"超越"是一种拯救生活的心灵意识，是相信自己能做到的事比自己想到的还要多。不要只想着做自己擅长的事，愿意尝试自己不了解的事，"未知"才是最大的领域，你在其中能够得到的东西，比在普通生活中得到的多得多。

所以，一个不会手工的人要相信"我也能做"，才能把手工活做好，享受其中的乐趣；一个员工要有"我也可以当领导"的精神，才能主动去做更多的工作，获得晋升的可能。拿破仑说："不想当将军的士兵不是好士兵。"就是这个道理。

当我们有了超越自我的愿望时，生活就不再死气沉沉，我们要尝试，要学习，要总结经验,要继续尝试,这占据了我们的全部精力。超越会带来连锁反应,一方面的提高势必会带来另一方面的提高。人们经常发现,随着事业心的"启动",对生活的要求也渐渐变高,品位也上了一个台阶,面貌焕然一新。

每个人都要试着做一个"超人",生活越是平凡,越要寻找不平凡,让自己不再普通。同样一份枯燥的工作,你能用心钻研,做得有声有色,就是不平凡;同样一种平淡的生活,你懂得寻找乐趣,让生活充满欢乐,就是不平凡;同样一个普通的行业,你能另辟蹊径,做得风生水起,就是不平凡。简言之,有一颗超越之心,才能不平凡。

人生于世,我们需要遵守太多的法则和规矩,其实我们更应该遵守自信法则、超越法则,心灵才不会迷失在自我桎梏中,才不会被压抑被束缚。要相信每个人都可能成为"超人",站在高处,做出那些你从来没想到过的成就,这就是自信的力量、超越的力量。

世界上没有一无是处的人

> 我们应有恒心,尤其要有自信心! 我们必须相信,我们的天赋是要用来做某种事情的。
>
> ——居里夫人

小女孩莎拉个性自卑,她总是觉得自己没有任何优点,在整个班级中,她看上去最黯淡,最没有小孩子特有的活泼与光彩。她的父母很为孩子担心,经常与莎拉的老师格林女士联系,希望有丰富教育经验的格林女士帮一帮莎拉。

　　一个星期五,放学后,格林女士对莎拉说:"莎拉,明天和后天休息,你能不能帮我一个忙?"莎拉小心地说:"我愿意帮您,但我怕自己做不好……"格林女士说:"没关系,只要你认真做就能做好。麻烦你,帮我在这个镇子上找出一个一无是处的人。"莎拉看着格林女士说:"我觉得,我就没什么优点。"格林女士板起脸说:"胡说,你愿意帮我忙,说明你热心,不嫌麻烦,有耐心,这难道不是优点?我需要你找出一个根本没有优点的人!"

　　莎拉接受了这个奇怪的任务,第二天一早,她就带着面包走出家门。她首先想到的是那些住在敬老院里的老人,他们行动不便,什么都不能做,是不是"一无是处"? 可是,当她看到老人们愉快地交谈,对栅栏外的她露出和蔼的笑容,她觉得这些老人又坚强又温和。

　　莎拉继续走,她想到了那些聋哑又失明的儿童,他们天生残疾,看不到东西,也不能说话,是不是"一无是处"? 还没走到特教学校,就看到美术馆有一个画展,专门展出残障儿童的画作,莎拉被那些颜色鲜艳图案美丽的画惊得目瞪口呆。

　　莎拉又想起在救济站领面包的那些失业者,他们一事无成,只能靠福利机构发的面包勉强维生,算不算"一无是处"? 可是,那些失业者并没有变成乞丐,他们依然想去找工作,他们也有谋生的能力,至少,比她这个小女孩更有能力。

　　那么,街上的乞丐是不是"一无是处"? 正想着,就看到一个衣衫褴褛的女人领着同样衣衫褴褛的孩子向她走来,莎拉将自己的面包给了她。她连连感谢,带着孩子坐在路边的长凳上,看孩子吃着面包,面露慈爱。孩子说:"妈妈,你也吃!"说着将面包塞进妈妈嘴里,莎拉看得一阵感动,这样的人,怎么能说"一无是处"?

　　两天的时间,莎拉都在寻找一无是处的人,但她发现每个人都有优点,完全没有优点的人根本不存在。周日晚上,她打电话给格林女士,说了她的发现。其实,在寻找的过程中,莎拉已经明白了格林女士的用意。格林女士想让莎拉在实际的比较中发现自己的优点和长处,发现自己的幸运,她在用这个任务告诉莎拉:世界上根本没有一无是处的人。

以偏概全,是不自信的人最常犯的一个错误。因为自己一方面或者几方面不出色,很差劲,就觉得自己所有事都做不好,断言自己一无是处。但在现实生活中,真要寻找一个一无是处的人,简直是不可能的事。

但是,即使知道这个事实,人们依然会苦着脸说:"就算别人不完美,我也不能自欺欺人地安慰自己,别人就算不完美,生活得也比我更好。可我呢?我简直找不到人生的意义,我的生活没有任何亮点,真不知道我这样没用的人为什么会生在这个世界上。"不拿自己的优点比别人的缺点,的确是厚道的行为,但如果完全放弃比较,我们会看不清自己的位置,所以,还是把所有人都放在同一水平线上,公平地比较一下吧。

古老的辩证法告诉我们,事物都有两面性,一个人有缺点,必然有优点,甚至你的缺点本身就是优点。在性格上,善良的人往往软弱,冷酷的人却很坚强,善良和坚强都是人性的优点,它们偏偏常常与软弱和冷酷并存,这就是人性的矛盾;在生活上,各种失败让我们沮丧,让我们痛苦,偏偏想成功的人必须一次次经历它,无法越过它。成功只把失败当作母亲,这就是生活的矛盾。

认识到这些矛盾,你也就知道世界上没有人十全十美,没有人一帆风顺,得到必然伴随失去,说自己一无是处,就陷入了悲观的怪圈,会发现自己身上越来越多的缺点;反其道而行之,努力去寻找优点,就会发现身上越来越多的优点。生活不是一个平面,不要只从一个角度看它,换个角度,多换几个角度,你会有更多的发现和感悟。

强大的自信来源于事实。一个人若深知自己具备某项才能、某些优点,即使处在低谷期,他也不会轻易放弃自己的理想,而是会把低谷当成磨难,坚信"是金子早晚会发光"。那么,如何发现自己的闪光点?

想想自己擅长的事

每个人都有擅长做的事,也许这件事看起来"没用",但它一定能说明你具备的某种潜能。比如,你是一个擅长做饭的人,能调配出完美的汤汁味道,这说明你是个有耐心又有条理的人,适合去做需要不断改进、不断尝试的工作,你的比较能力,你对事物如何改良的思考,表明你在这些事上能越做越好。

问问别人的意见

我们很难完全了解自己,对自己有个全面准确的认识,这时应该诚恳地去问问别人,"你觉得我身上最大的优点是什么?"你可能不好意思将这样的问题问出口,那么就多留意别人对你的评论吧,你会发现你忽略的一些缺点,也能察觉你根本没注意的优点。还有,把你听到的那些缺点改掉,你也就成了一个优点多多的人。

培养一个爱好

不是每个人都是天生的矿藏,只要挖掘就能掘出宝石。好在,闪光点可以培养。我们没有书法天赋,未必成为自成一派的书法家,但我们可以通过不断练字,让人眼前一亮;我们没有天生乐感,但也可以弹弹琴、听听音乐,让生活沉浸在美妙的韵律中;我们可以养一只宠物,来改善心灵的孤独,增加自己的耐性,让自己更友爱、更和善……当生活的支点越来越多,我们能够发掘的东西就越来越多。

天生我材必有用,世界上没有一无是处的人,努力发掘自己,努力尝试生活中的一切,在不自信处弥补,在自信处加强,我们有多少个不自信的理由,就有多少个自信的理由。

清理自卑源头,用正确的方法和人比较

> 人有所优,固有所劣;人有所工,固有所拙。
>
> ——张衡

森林里,一只杜鹃正在唉声叹气,她对自己的丈夫抱怨:"我们的巢已经住了三年,树枝松了,泥土破了,睡觉的时候会漏风,住在这样的地方,我觉得在朋友面前抬不起头。"丈夫心疼妻子,他点点头说:"那我们辛苦一点,筑一个体面的新巢吧。"

第二天,杜鹃夫妻去远远的林子里寻找最结实的细树枝,一次次叼回来,并啄来最软的泥,一点点筑他们的新巢。忙碌了几天,新家落成。这个巢比过去的窝更大、更漂亮,杜鹃女士终于喜笑颜开,想着明天要带朋友们看看自己的新家。

第二天刚起床,黄鹂鸟就雀跃地飞了过来,对杜鹃说:"我是来邀请你去我的新家做客的,我的新家就在水边那棵最大的树上,阳光特别好,还用树枝弄了一个大客厅,你一定要去看看!"黄鹂说着,欢快地飞走了,根本没注意杜鹃的新家。

杜鹃女士又一次开始唉声叹气,叹息自己的巢不如别人的大,没有那么多的阳光,更没有可以聚会的客厅,这一次,她的丈夫一点办法也没有,只能在一旁无精打采地听着。

每个人都可能自卑,因为他们在拿自己和某些成功者作对比。就像故事中的杜鹃,没有黄鹂,它是幸福而满足的,有了黄鹂做对比,让它开心的事失去了魔力，甚至成了它不开心的原因。对比之后，你总会发现，世界上有人比自己幸运，有人比自己优秀，有人比自己富有……看到这些人的光环，很难不产生心理失衡，进而产生自卑情绪。

而且，我们很难摆脱对比，看到一个和自己差不多的人，每个人都会有暗自比较一番的心理，这是人类本性中的好强意识在作祟。就算自己不比，别人也会比来比去。想想我们从小到大，不知多少次被父母说过："你看看 XX 家的 XX，比你强多少！"有的时候，我们不服气，被说得多了，我们内心也会隐隐觉得"我的确不如 XX"。来自身边的人不断地强调自己与他人的差距，是自卑情绪产生的另一根源。

其实，我们不应该害怕对比，既然对比无可避免，就应该尽量引导，用正确的方法作对比，重视对比的结果，缩短和他人之间的差距。而不是在这差距之中迷失自我，变得一蹶不振。那么，什么样的对比方法是正确的？什么样是错误的？

错误的对比方法：一比多。

错误对比的例子：

W 先生正在评价自己："我这个人毛病太多，难怪不中用。在智力上，我不及我的弟弟小 W；在外貌上，我不及我的朋友 WIN 先生；在口才上，我比不上我的邻居；在领导力上，我和我的上司简直是天壤之别；在恒心和毅力上，我不及我的同事们；在细心上，我当然比不上我的妻子；在生活上，我还比不上我孩子，他还会自己找乐趣！我的人生太失败了。"

以自己的短处比他人的长处，得到的一定是失落，甚至是自我否定。世界上没有十全十美的人，正视自己的短处，改进自己的缺点，才能使人进步。仅仅看着别人的优点和成绩，哀叹自己不如对方，只会加深对自己的负面暗示。再进一步说，发现差距，不迎头赶上去，想办法弥补，一味地感叹，是怯懦的行为。

正确的对比方法：一比一。

正确对比的例子：

R 小姐这样评价自己："我这个人并不优秀，资质也不好，但我一直在努力，也相信明天会比今天好。我的好友 RIN 是我的榜样，我不及她聪明有远见，但我虚心，经常向她请教，学到了不少东西；我的外貌不及她那么抢眼，但我会打扮，每次出门都穿最合适的衣服、化最适宜的妆，所以我的追求者也不少；我的个性不像 RIN 那么张扬，这让我少争取到一些机会，但也因为这份稳重不冒进，减少了做事的风险；RIN 从小失去了父亲，我却有个幸福的家庭，也许这是我们个性不同的根源，我承认我比她幸运；RIN 的男朋友是青年才俊，无可挑剔，我的恋爱却一直没着落，我不会挑剔，我相信适合自己的就是最好的。"

以客观的眼光来对比，就会发现每个人固然有自己的优点，也会有自己的不足，那些优秀的人的生活中，可能充满了各种不如意。你可以随意找一个人和你对比，就会发现，命运是公平的，上天给每个人的东西虽然不是均等，但大致上一样，给了这样，一定会少了那样。没有人的生活十全十美。

取长补短才是最聪明的做法，看到别人的优点，能吸收就吸收过来；看到别人的不足和不幸，不能幸灾乐祸，也不要太明显地报以同情，而是要以平和的心态对待：每个人的生活都不圆满，你如此，别人也一样，我们要做的是让自己尽量更好。

中性的对比方法：找平衡。

中性对比的例子：

Q 先生这样评价自己："我这个人是做大事的人，目前还没有成绩，是因为我还没认真去做。在我住的地方，很多人比我有钱，但那是他们的父辈留下来的，不是他们的本事。何况,我们五百年前也许是一家。

俗话说:"人比人,气死人。"不论我们多努力,世界上总会有些人,轻而易举地做到自己想做的事,有的时候,我们的确需要看看那些不如自己的人,找一点心理平衡,来说服自己继续努力下去。但是,如果任由这种"平衡心理"发展下去,你就会变成阿Q,随时随地都在用精神胜利法给自己找安慰,然后继续维持现状。所以,中性对比,只是一种暂时的缓解法,并不能解决根源问题。

最佳对比方法:与自己对比。

最佳对比的例子:

M小姐这样评价自己:"人们都说我是一个有自信的人,的确,我的生活有目标,有使命感,我的条件并不好,但我始终都在坚持超越。我从不和他人作对比,每个人都是世间独一无二的个体,比来比去有什么意思?我只和自己作比较。我要比今年的我有没有比去年的我更优秀,工资有没有提高,能力有没有提高,是否多了一项技能,是否交了更多朋友,是否有更开阔的心境……我认为这种比较,才是真正的比较,能让我生活得更好。"

最好的对比方法是什么?最好的方法是明白自己就是自己,不需要和任何人作对比,或者,只和自己作对比。和自己对比,就是时刻要提醒自己向好的方向努力,遇到困难不要放弃,遭遇挫折也不能自暴自弃,要始终相信自己的决心、自己的努力,这样的人,即使一开始有自卑情结,也会在一次次锻炼和成就中变得自信而强大。现在就想想自己的不足,想想如何在明天比今天更进步一点,在源头上清理自卑,让自己不惧怕和任何人对比!

战胜恐惧，就战胜了一次危机

去做你害怕的事，害怕自然就会消失。

——爱默生

小时候第一次走路，摇摇晃晃，根本不敢放开母亲的手，她说："别害怕，没事！"

小学时候第一次学骑车，因为有父亲在后面抓着后架，才敢蹬车，父亲一边说"别害怕"，一边放开双手。

第一次学游泳，感觉自己一定会沉下去，教练沉稳地说："别害怕，人天生就是亲水的。"

第一次画画，担心画不好；第一次参加接力赛，担心跑得太慢；第一次朗读课文，担心声音太小；第一次养狗，担心狗死掉……在那么多的尝试中，我逐渐学会了"不害怕"，尝试的机会就在眼前，如果害怕，就没有成功的可能，每一次克服自己的恐惧，就像度过了一次危机。事情的结果有好有坏，最重要的是我不再害怕。

恐惧的实质是什么？对自己的不放心、不把握、不了解，简言之，不自信。很多时候，人们的不自信来自对即将面对的事不够了解，担心有危险，担心失败，所以迟疑、犹豫、畏缩不前。可以说，我们害怕的并不是事物本身，而是自身的感觉。

学习骑车、学习游泳，是我们每个人都有的经历，学过的人都知道，理论讲得再多也没用，想骑车，直接上车去蹬，多摔几次就学会了；想游泳，直接跳进水里去扑腾，多灌几口水也学会了。而那些迄今还对自行车和游泳感到恐惧的人，只有一个原因:摔了一次不想再摔,喝了几口水不想再喝,他们战胜不了恐惧,自然也就没有用自行车代步的便利,没有在大江大河中畅游的自在感受。

面对害怕的事物,如果习惯了逃避,就会形成懦弱的性格。不论做什么,有一点困难先想回避的做法,而不是解决的方法,这个人就会胆小,就会不敢尝试,不但在性格上,在未来的发展上,也会对自己大大不利。

贾至是一个腼腆内向的男孩,今年刚刚考上高中,比起那些意气风发的同龄人,他觉得自己的生活暗淡无光。他没有特别好的成绩;他的外表有些土气,吸引不了异性;他的身材瘦小,不像其他男生那样能在运动场上打篮球踢足球;这样的男生倘若擅长艺术,也能吸引人,偏偏他对艺术一窍不通。

有一天,他因为小事和班上的一个男生大打出手,那个男生是班里的"霸王",仗势欺人,贾至打不过他,对男生来说,跟老师打小报告又是最丢脸的事。回到家后,贾至大哭一场,决定一定要改变自己,不能再这样下去。

贾至想了个别出心裁的法子,他拿了一张长长的纸,列了一份"恐惧清单",把自己害怕的事全都写在上面,包括"向数学老师问某个定理"、"和前桌的女孩说一句话"、"打一场篮球"、"画一张画"等等不起眼的小事,这全是他平日不敢做的,他按照难易程度标出顺序,他对自己说:"一星期之内,一定要把清单上的事都做完。"

第二天,他就开始做清单上的事,他想要在课堂上主动回答老师的一个问题。这之前,除非老师点到名字,否则他不会主动站起来。即使被点名,他也吞吞吐吐,明明知道答案也回答得不清不楚。正想着,老师问:"谁能回答这个问题!"他想也没想就举起了手。

难得平日从不发言的贾至会主动举手,老师立刻说:"贾至,你来答!"

贾至站了起来,这才发现他一直在想事情,根本没听清老师的问题。他目瞪口呆地站在那里,前桌的女生含笑打开书本用手指点一段话,他照着读了出来,老师说:"答得很好,坐下吧。"

这无疑是一次失败的尝试,但贾至突然觉得,站起来也不是那么困难,就算真的答不出来,被同学笑几声,又不是什么大不了的事? 更幸运的是,前桌的女孩竟然主动提示他答案。下课后,贾至用尽量自然的表情和声音对女孩道谢,女孩笑着说:"这有什么,还有,你跟我说话怎么这么紧张? 我很吓人吗? "

开始尝试清单内容的贾至,发现他的生活起了极大的变化,那些曾让他害怕的事,真正做了,才发现没那么可怕,而且每做一件事,他都会有新的收获:他发现老师更爱叫他回答问题了,也许是为了鼓励他;发现前桌的女孩对他有好感,很喜欢跟他说话;发现曾经打他的男生竟然主动邀他踢球,这也许就是"不打不相识"……贾至终于明白,自己害怕的其实是失败,只要不怕失败,任何事都可以尝试。

男孩贾至的法子,值得每一个不信任自己的人尝试。把你害怕的事列一个清单,越是害怕就越要尝试,先试简单的,再试复杂的,一次不行就多试几次,总能找到方法。对事物的恐惧主要是对未知事物的害怕,不确定自己会遇到什么样的事,不确定自己会得到什么样的待遇,不确定自己会面对什么样的结果,尝试了,这些事就都知道了。

精神也有免疫力,一次次的惊吓、惧怕,一而再再而三的挫折、沮丧,会让心灵的抗打击能力增强,渐渐地,再遇到没把握的事,仍有害怕的感觉,但也多了跃跃欲试的成分,反正痛受过,苦吃过,失败经历过,没什么大不了的。

在战胜害怕的过程中发现事物的乐趣,挑战的乐趣。最自豪的事莫过于靠自己的能力,做到了一件"你根本做不到"的事。小孩子常常会因为办到了大人能办到的事雀跃不已,这就是挑战带来的快乐。如果我们心中始终保持这种带有好奇心的尝试,我们对成功的期待,将远大于对失败的恐惧,我们的收获,也会远远多于失去。

何况,尝试带来的不仅仅是失败,还有成功的契机。有时候成功需要用"笨法子",看到难题,你未必能想到最佳办法,只能用所有能想到的办法一条条去试,只有试下去,才有可能真正解决问题。失败一次,就明白了一个修正错误的方法,可以当作以后的经验。而且,灵感常常在绞尽脑汁的时候悄然而至,不知不觉,你的能力已经飞跃。

战胜恐惧,是一个从无到有的过程,你害怕的那种失败和难堪也许根本不存在,而你迈出这一步,却一定会得到实实在在的经验和勇气,所以,任何事都值得你去尝试,任何失败都值得你欣然接受,克服一次恐惧,就证明你的心灵比过去更加强大,你离成功更近一步。

大声说话,是建立自信的第一步

> 我们对自己抱有的信心,将使别人对我们萌生信心的绿芽。
>
> ——拉罗什富科

四个男人正在酒吧喝酒,他们穿着同样旧的西服,有尘土的皮鞋,无精打采的表情,含混不清的腔调,他们并不认识,只是踫巧凑在一起,谈起话来,才发现彼此相似。

第一个男人是公司职员,他一直是个不自信的人,最初去公司的时候,上级开会要求他们发言,他总是吞吞吐吐,不是说"我的意见和 XX 一样",就是把自己的发言机会推给别人,久而久之,没有人再重视他,不论有什么安排,同事都不会来问他的意见。即使他本人有了好的想法,也不敢轻易说,因为没有人会认真听。

第二个男人是公务员,他看上去最不爱说话,认识他的人说他"沉默是金",但这句话其实是在讽刺他。他从小就不知道该如何表达自己,也没有人鼓励他多说话,他也没有几个朋友可以说话,于是,长久的习惯让他认定"人微言轻",年纪越大,他越不爱说话。

第三个男人刚刚离婚,他的长相很体面,就是因为长相,几年前,他被一位有钱人家的小姐看中,可是,他的岳父岳母根本不看好他,经常当面挑他的毛病,他的性格怯懦,不敢反驳。他的工作是岳父一家提供的,公司的人都说他吃软饭,他在不得志的境遇中,更加沉默寡言。终于那位富小姐也受不了他的"不思进取",提出离婚。

第四个男人最近破了产,他本是一个家境不错的人,从小养尊处优,养成了他经不起挫折的性格。他的能力也很一般,继承父亲的店铺,几年来经营不善,欠了一大笔钱,他说自己根本没有魄力,也没有勇气重新开始,在他人面前,他甚至不敢说一句硬气的话……

四个失败的男人互相倾诉,他们的经历各不相同,却有一个失败者的共同特点:不硬气,连说话都不敢出大声。自信与自卑,有时候并不是全然分开,说说例子中的四个男人,他们自卑,难道他们就没有自信的理由吗?特别是第三个男人有优渥的家庭条件,第四个男人有让人羡慕的婚姻,这样的机会都不能让他们自信,这样的运气都不能让他们自强,落到只能在酒吧买醉的地步,只能从性格上分析原因了吧?

不自信的人即使手握机会,不管是一份工作,还是一份家产,或者一份婚姻，他们都不能好好把握，原因在于他们不把这些东西当作机会和运气，他们看到的始终是生活中阴暗的一面，不如意的一面。他们盯着旁人对自己的嘲讽、对自己的挖苦，难过个不停，却没有想过，这种嘲讽和挖苦，何尝不是一种忌妒？一种因自己不拥有就要贬低别人的抱怨？可惜，不自信的人看不到这些东西，他们只想着自己的烦恼，看不到人性，看不到生活的本来面目。

而自信的取得和维持，需要的东西并不复杂，自信本身，是一种信念。相信自己能够做到某件事，相信只要努力就能有收获，这样的信念只要存在于心中，不论碰到大事还是小事，都能鼓舞人挺直脊梁去尝试。从这个意义上来说，对小事的自信，能够积累对大事的自信。试想故事中的四个男人，倘若仅仅多与周围的人沟通几句，会出现什么效果？

第一个男人，如果上司能够听到他的主意，会给他指导；同事知道他的想法，会与他讨论，那么他就能在工作上有更多的建树。

第二个男人，如果他愿意多说几句，至少可以多交几个朋友，靠着朋友的支持，也许会有不一样的个性，不一样的生活。

第三个男人，如果多说几句有气概的话，让妻子、岳父岳母看到他男子汉的一面，他们就不会一直失望。

第四个男人，倘若能够摆出领导者的架子，多命令下属几句，镇住他们，店铺的经营也许会出现新的局面。

自信要如何建立？要从最小的事情开始，首先就是发表你的看法，发出你自己的声音。我们都知道，人的自信很大一部分来自于他人。小孩子喜欢得到父母、老师、其他孩子的夸奖，他们说他做得好，他才相信自己真的有能力。任何人都是如此，没有其他人的赞同，他们即使自信，也觉得这份信心少了点外在凭据，少了很多支撑。

那么,得到他人认同的方法是什么? 首先就是要让他人了解自己。那些天生惹人注目的人很容易受到他人的重视,也容易被人了解。稍显平凡的人,想要主动接近他们的人并不多,这个时候,就要为自己争取机会,让别人看到自己,注意到自己的"不平凡"。

大声说话就是最好的办法。大声说话,不是说整天扯着嗓子嚷嚷,那样不过给人留下了一个"大嗓门"的印象。大声说话,在于说话的时候要果断、清楚,不加"可能"、"也许"、"听 XX 说"这样不确定的语气词,没有摸脸、低头、不敢看他人眼睛这一类的不自信动作。

说话的声音要彰显你的内在格调。说话声音不宜太低、太高、太尖,更不要给人霸道的感觉,平和、稳重,不疾不徐的声音,最能让听众静下心来,安静倾听话中的内容。如果对自己的声音没信心,平时可以做一些朗读训练。务必使语调、语速适中,给听众享受。

说话只是一个开始,独到的见解最吸引他人,想要有独到见解,就在于平时的知识积累,还要注意说话时的简洁和条理。一定要戒掉啰唆,戒掉没重点,让别人能一下子就听明白你的意思,而不需要从一大堆话中自己归纳。

刚开始说话的时候,没有人能很好地表达自己,最重要的是有这个开始。当你敢于发出声音的时候,就迈出了自信的第一步。知识可以积累,经验可以实践,个性可以陶冶,语言技巧可以练习,只要你走出第一步,一切都不是问题。

第三章

让生命的内在充满意义
——身心富足的法则

人们总在探讨精神与物质的关系,总在思考财富的内涵究竟是什么。财富与道德结合,才能让人实现身心富足,而道德中最大的秘密就是爱。

心灵的高贵,精神世界的富足,对人的付出与宽容,它们同样是人所拥有的巨额财富。在物质与精神双方面搭建运气的平台,让心灵上的财富给我们带来更多的运气。

成功来自高层次的要求

> 道德是永存的,而财富每天在更换主人。
>
> ——普卢塔克

一位记者在很偶然的机会下,和一位福布斯财富榜上有名的中国富翁一起进餐,聊到了个人喜欢看的电视节目,富翁说,他最喜欢看的节目是《感动中国》,每一期都没落下,他觉得从中得到了很多启示。

这不是采访,记者也只在一篇个人散文中提到了这件事,记者认为,懂得寻找感动,本身就体现了心灵更深层的追求,而这位富翁在平日的慈善行为,在地震时的大额捐款,所体现的正是这种寻找、这种感动的结果……

衡量心灵能量的大小,标准是什么? 这似乎是一个无法量化、标准化的问题,但我们不能否认一个现象,就是心灵能量大的人,影响力大、感染力大。

那些取得正面意义的巨大影响力、感染力的人,我们称之为成功者,不论是以财富著称的商人、以学问立身的学者、以事迹感染人的英雄,他们都为他人树立了楷模,具有典范意义,让人想要模仿,想要成为和他们一样的成功者。

但这些,只是成功者外在的光环,对他们本身而言,心灵能量感染他人固然好,却未必对自己有用。普通人总是想得到成功的秘诀,成功者也不断总结个人的经验,总结的结果是两者都需要继续努力,因为成功是艰难的,也是无止境的。

个人成功的第一阶段,水滴石穿。中国人自古推崇"只要功夫深,铁杵磨成针"的成功精神,一个人定下目标,不半途而废,取得成果。不管这成果是大是小,都是值得肯定的。做到这一点的人,已经初步体会到了成功。

个人成功的第二阶段,人走高处。人往高处走,水往低处流,社会意义上的成功,就是一个人能够吃得苦中苦,成为人上人,做出普通人做不到的成就,这时候个人智慧和能力都得到了充分发挥,表现为功成名就,在一定范围内产生影响,甚至极大影响。

个人成功的最高阶段,身心富足。每一个行为都能得到心灵的认同,每一种经历都充满积极的意义。表现为不论成功还是失败,人都能从中得到满足,心态永远平和无波,就像古老格言说的:看云卷云舒,赏花开花落,任凭大风大雨,我自闲庭信步。

第三层境界最不好达到,可以说,大多数成功者达不到这一层次,于是我们看到,大富翁有了钱,却整天为钱财发愁,不是愁如何赚更多钱,就是愁死后这些产业何去何从;名导演有了名声,却整天为名声发愁,不是愁这部电影的评价不如上一部,就是愁下一部电影如何得到更多好评……总之,这些成功者无一例外地被自己的成功绑得死死的,缺少了过去的那种无所畏惧的锐气和情怀。

于是成功者们也开始反省,他们希望自己的生命从一个高的阶梯上登上更高的阶梯,活得风生水起只是人生的一个部分,更深层的部分,还有待更深入的挖掘。

有个富翁赚了很多钱,突然厌倦了每天捧着算盘挖空心思的日子,他想周游列国,想认识更多的人,看更多的风景,想增长见闻,但是,他放不下好不容易赚来的家产，他想要把所有家产换成最贵重的宝石，再打造一个谁也打不开的箱子装宝石，这样就可以背着它们出去周游。

他的朋友慧通法师听说了这件事，对他说："听说你想要放下俗世，云游四方，我认为这是一件大好事。可是，看到你想要背着金银去周游，我又替你担心，你负重不能登山，不能涉水，还要随时担心盗贼，云游又有什么乐趣？"

富翁也正在为过多的金银烦恼，当即向慧通请教，慧通说："去年是荒年，不少人流离失所，你不如广买田地，让这些无家可归的人安家，有几亩地耕种，既是你的善德，也解决了你的烦恼，还不会减少你的财富，你看这样如何？"

富翁依言而行，买了田地安置灾民后，开始云游。十年后，他回到家乡，步履安详，目光睿智，再看当年的那些难民，如今个个生活得都很富足，见他回来，争着欢迎，并把历年积攒的金银都送到他家中，富翁感慨万千，谢绝了他们的谢礼，只觉心中舒畅快意，慧通法师赞道："施主真乃功德圆满。"

当成功已经变成了负担，成功所带来的财富、名声已经影响了自己的生活，成功的"后遗症"让自己失去了心灵的安宁，人们开始追求更高层次的成功。故事中的富翁，用切身的经验为他人揭示了一个真理：人生更大的成功，取决于我们如何对待他人。

诚然，成功首先是自己的事，目标是自己定的，再大的苦由自己受着，智慧是自己在百折千回中累计起来的，多少次失败才铺就了成功之路。每个成功者都无愧于旁人羡慕的目光，他们是强者，他们有强大的心灵。

成功后的心灵缺失，是没能及时把这种成功让更多的人分享，没能及时传递自己的获得。对人慷慨并不是这种"传递"的全部含义,慷慨有很多种,给人启迪,给人机会,给人明确地指出一条路,都是慷慨。当你把成功变成他人的事,心灵就会得到前所未有的充实满足,你被自己认同,被这个世界认同,你就是真正的成功者。

生命的成功是双向的,一是外向,二是内向,如果内在不够丰盈,人就总会觉得若有所失,所以,人总是不停止自己的追求,追求更高远的灵魂层面。这时候,分享意识显得尤为重要,生命的意义也在此彰显。

曾有一位富翁说,他的很多优秀品德都是在幼儿园的时候养成的,例如讲礼貌、说话温柔、爱干净、努力、不随便哭。还有一个品德令他至今受益,就是"把好的东西和其他小朋友分享"。他发现一袋饼干与其他小朋友一起吃,尽管自己吃的部分少了,但得到的快乐却多了很多倍。而那些不知分享的小孩,永远孤独地在角落里捧着他们的零食和玩具,从来没有开心的表情。是的,分享就是这样一种心情:自己的东西少了,快乐却放大了无数倍。

成功的真正意义在于传递,富有的真正意义在于分享,这就是身心富足的独一无二的法则。古语说,独乐乐不如众乐乐,当你有了成就,不要只想着自己的辉煌,要想想身边的人,想想曾经帮助过你的人,想想需要你帮助的人,你会产生一种新的使命感和责任感,这种感觉将让你走上生命更高的台阶,让你知道,世界还有更广阔的一面。

该显的时候要显，该藏的时候要藏

这个世界上所有的人，并不是个个都有过你拥有的那些优越条件。

——菲茨·杰拉德

根据《世说新语》记载，古代的石崇是个大富翁，家中的财富不计其数，他家的茅房，就连现今的五星级宾馆的总统套房都比不过。

石崇家的厕所什么样？一间富丽堂皇的大屋，有人点起熏香，有人吹奏着乐曲，保持使用者心情舒畅，有侍女持着软木为如厕者清理，有美丽的侍女服侍如厕过的客人里里外外换上新衣，用各种珍贵香料制成澡豆为使用者洗手，上一次厕所，有十几个侍女前前后后地服侍，可见石崇富有到什么程度。

不过，也正是因为石崇太过于炫耀自己的财富，树下了不少敌人，才在政治斗争失败后身首异处，他的亿万家财，自然也成了一场空。所以我国自古就有"不露富"的传统，有智慧的人总是教导后辈：该显的时候要显，这样人们才不会小看你；该藏的时候要藏，这样你才不会招致别人的忌恨。这既是生存智慧，也是对待财富的智慧。

当人们拥有财富、拥有地位、拥有学问等等让人羡慕的东西时，就会发自内心地产生一种炫耀心理，他们渴望让更多的人知道自己的富有，渴望得到更多人羡慕的目光，这既是虚荣心作祟，也是拥有者的自豪感使然。与功成名就的人想要衣锦还乡，没有多大不同。

不同的是个人有个人的做法。有些人展示了自己的今非昔比,令他人刮目相看,接下来既不说自己家的房子有多大,也不说自己开的车有多豪华,而是和人唠家常,说当年旧事;有些人却显摆个没完,硬要在自己和他人之间划一条分界线,在他炫耀的时候,旁人只会越来越不好受。于是也产生了各种麻烦,像故事中的石崇,因为太过炫富招来灾祸。还有人因炫耀引起他人嫉妒,因炫耀引来他人觊觎,这种例子数不胜数。

该显的时候显,该藏的时候藏,这个"藏",就是劝富有的人要想想他人。每个人都脱离不了社会,就算不追求高远境界,从现实层面考虑,你也要考虑自己的实际境地:你生活在人与人当中,他人既可以成就你,也可能毁掉你。与人为善未必能保护你,与人结仇却一定会给你带来麻烦。不要觉得自己无所不能。

想想他人的感受。人性是复杂的,不是所有人都能理智地面对他人的财富。对财富低调一点,避免刺激他人,就是保护自己。

想想他人的境遇。每个人都在打拼,但因为机遇、能力的不同,有些人的境况很不如意。对他人,要有谦虚的认识:如果他们有机会,未必做得比你差。不必把自己的成功凌驾于别人的存在之上,你的狂妄在伤害他人的同时,也显出了你的浅薄。

再想想他人的困难。当人有困难的时候,情绪低落,整天思考改变现状的方法,有时会表现得心不在焉,脾气暴躁。对他人的冒犯不要太放在心上;对他人身不由己的埋怨,也不要太过计较。当与人方便、行小善变为一种习惯,即使吝啬古怪的性情,也会被那些感激的言语和笑脸感染,对自己,是最大的裨益。

"身藏功与名"是千百年前诗仙李白追求的境界,历来受到很多人推崇。"不露富"就是"藏功名"。大隐隐于市,又何必因自己的成功,硬要和人群划出界线,真正的成功者不是出入都有一群人簇拥,那都是一时的。当他们看上去与普通人没有什么不同,却有大智慧、大情怀,他们的气质自然而然与他人不同,即使穿着普通的衣服走在人群中,人们也会不由得对他注目,打从心里认为:这个人不简单!

高贵的人,处处受到尊重

> 品格是一种内在的力量,它的存在能直接发挥作用,而无需借助任何
> 手段。
>
> ——爱默生

丹妮的妈妈烤了一个蛋糕,她切了一大块包好,吩咐小丹妮送给卢瑟小姐——卢瑟小姐是这个村子的小学教师,村里的几十个孩子全都由她一手教育。出于感谢,村民们总是让自家孩子将一些小礼物带给卢瑟小姐:蛋糕、蜡烛、纸张,他们都不富裕,只能用这些东西表表心意。

丹妮回来了,她对妈妈说:"我去的时候,莎拉也在,她也给卢瑟小姐带了妈妈做的蛋糕。妈妈,为什么大家都把蛋糕给卢瑟小姐,却不给我?"

妈妈笑着说:"如果你能和卢瑟小姐一样,大家也会把蛋糕送给你。"

"卢瑟小姐是什么样的人?"

"她是一个高贵的人。"

"高贵? 她很有钱吗?"

"不,她没有钱,但她这么多年来,一直在这里为村里的孩子们尽心尽力,传授知识,让他们能够考上城里的中学,这就是她高贵的地方。所以,我们每个人都尊重她、关心她,记住,一个人的人品,决定了她的地位。"妈妈说。

德高望重,是一个包含因果关系的成语。德高才能望重,一个人有高尚的品

德,就会得到他人的肯定与尊重,以及信赖。人们相信一个有品德的人,说话必然算数,行事必然正直,心地必然善良,他们不愿意相信任何人,独独愿意相信那些有威望的君子。

同时,"望重"也是"德高"的原因,一个人有了好名声,必然懂得爱惜,会在内心提高对自己的要求,不去做那些有违道德的事。他人的信任、尊重成了对自身的一种监督。所以,越是拥有声望的人,越会谨言慎行,越懂得克制自己。

人们形容德高望重的人,还有一个词语:高贵。每个人都在追求高贵的生活,很多人从最外围的层次理解这个词,认为拥有很好的物质条件就可以过这样的生活。这是一种感觉错觉,这样的人生活得即使"贵",却不够"高",而"高",并不是指社会地位的高低,而是指一个人的道德境界。对他人的尊重与爱,才是一个人得到众人肯定、拥护的原因。

重视生命的内在,究其实质,就是要注重对品德的培养。道德君子的标准我们也许达不到,但我们要尽可能使自己拥有相对纯洁的心性,对人对事要有足够的同情,为人处世也要以宽厚为主。可以着重从以下四个方面提高自己的道德意识。

同情与分享意识

对他人的不幸,我们未必感同身受,但要有同情的意识。不要说:"他的确不幸,但我也很惨,我为什么要帮助他?"这就是一种自我为中心的自私心理,不要因为自己有什么不幸,或者自己心情不好,就懒得去同情、帮助别人,善意应该是基本的、持续的,而不是偶发的、随机的。帮助那些让你同情的人,就是分享自己的智慧、能力、运气,这些东西不会因为你分给别人而减少,相反,当你全心全意地帮别人做事的时候,它们都会相应增加。

感恩与回报意识

强调自我的人总会说:"我的成绩是靠我一个人的努力得来的。"其实,任何成绩都不可能靠一个人得来，必然得到他人有意无意的帮助，人如果没有感恩意识，那么愿意帮助他的人只会越来越少。而懂得感恩、懂得回报的人，会有更多的人愿意为他们提供便利与机会。道理很简单，一个知恩图报的人和一个忘恩负义的人，你会帮哪个？当然，回报是对过去的回馈，并不是未来的阶梯。但一个重视过去不忘本的人，自然会得到未来的慷慨对待。

宽容与宽恕意识

人与人的相处，难得的是宽容，人们都了解尊重，懂得信赖，学着珍惜。但人与人的关系总会有负面因素，难免有摩擦和伤害，难免会有人得罪你。这个时候，品德高尚的人会选择理解和宽容，他们不会因怨气而埋怨别人，不会因仇恨而为难别人，他们更愿意给他人机会。人们都愿意与这样的人相处，因为他们能够完全被接受、被包容。

正直与诚信意识

正直与诚实是品格的基础，一个言而无信的人很难讲到品德，一个是非不分的人也让人难以信赖，人格是什么？人格就是对人对事有一个公正客观的立场，不会昧着良心讲话做事，让人感到公道。倘若一个人行事偏离这两点，即使他有通天的本事，人们也不会说他是一个高尚的人。亲君子远小人，是祖祖辈辈传下来的交友原则，可见一个人的品性有多重要。

想要修炼高尚的品性，需要克服人性上的自私与怯懦，这并不是一件简单的事。好在一颗向善的心，总能让我们绕开人性的陷阱。这个基础上，如果我们能够想到更多的人，为他们的福利做更多的事，我们的思想境界就又上了一个层次。高贵，离我们并不遥远。

以爱的方式给予

帮助人,但给予对方最高的尊重。这是助人的艺术,也是仁爱的情操。

——刘墉

莫小默是个小少爷,他心肠不错,但因为长期的娇生惯养,有点张扬,让人不习惯。这一天,他怒气冲冲地回到家,喝光一瓶饮料,郁闷地说:"真是不知道人的脑袋里都想着什么,好心当成驴肝肺!"他的爸爸刚好在家,坐在儿子身边询问发生了什么事。莫小默气愤地说起了事情的经过。

莫小默所在的重点高中,有很多来自小县城和农村的孩子,他们学习很好,但家境贫穷,平时连吃饭都很节省。这一天学校组织去野外踏青,每个人需要交二十元的交通费。莫小默负责收钱,发现有几个学生说不去,问他们原因,他们说交通费太贵,需要带去的零食更贵,他们想在学校里上自习。

莫小默很想帮他们,脱口就说:"这点事算什么!我有钱,你们的钱我出了,你们的零食我也买了!"他原本以为,几个学生会对他投以感激的目光,没想到他们诧异地看着他,纷纷摇头拒绝,找借口走开了,谁也不肯领他这个情。

"我一片好心,为什么他们像看怪兽一样看着我?"莫小默问。

"你是在班上同学面前说这些话的吗?"爸爸问。

"我没注意,旁边应该有很多同学吧。"莫小默说。

"你在那么多人面前说自己有钱,愿意帮他们,他们会觉得你在炫耀,不是炫耀自己家境好,就是炫耀自己心肠好,他们都有自尊,怎么能接受呢?"

"可是,我根本没有炫耀的意思啊。"莫小默委屈地说。

"你既然想帮助别人,就要切实考虑到对方的情况,他们本来就敏感,你怎么能在众人面前说呢?下一次再有这种事,想想怎么做恰当吧。"爸爸建议。

莫小默的心肠的确不错,他认真地想了很久,决定下次帮助贫困同学的时候,一定在没有人的场合,客客气气地对他们说话。

他这样做了,几个同学开始有些抗拒,后来都和他成了朋友。这些同学上了大学后,也经常惦记着莫小默,工作后,也不时提起他。他们认为莫小默是个难得的知心朋友。

帮助别人要注意方法,这句话会招来很多人的反对,他们会说:"帮助是个人行为,出于一片好心,接受者不感激也就罢了,还要扭曲帮助者的用意,这也太让人寒心了!"他们说的也没错,我们都能理解这种心情。

但是,从受帮助人的角度来考虑,可能就是另一番心情。他们需要帮助,处在相对弱势的地位,本身就比较敏感,怕被人瞧不起。如果帮助者有一丁点高高在上的姿态,他们就会觉得难受,甚至不想接受这份帮助,这种心情,我们也不难理解。

人与人的相处充满矛盾,就是因为彼此都存在一定的误解,却不愿及时沟通、及时排解。误解深化下去,就会成为矛盾和误会,让两个人再也不能信任对方。而想要有一份平和的关系,必须有人先"退"一步,"让"对方一下。想想看这个人应该由帮助者来当,还是由接受者来当?无疑,由帮助者来当,不但保护了接受者的自尊,而且不影响帮助者的任何事,相反,还会提升他的形象,显得他更加大度和宽容。

世界上有很多人需要帮助,但有些时候他们宁可不要这份帮助,你一定想知道这究竟是什么心态。将心比心,当你需要帮助的时候,你受得了下面这些行为吗?

对需要帮助的人,带着轻蔑的态度,表示出"我可怜你";

对帮助过的人,时不时地提醒一句:"记不记得我过去是怎么帮你的?"表现出"你欠我的东西太多了";

对需要帮助的人,说:"我可以帮助你,但你必须为我做……"而要求的事恰好让对方为难,帮助成了赤裸裸的利益交换;

帮助别人的时候不忘说:"你根本没这个能力,下次请你别给我添麻烦!"完全贬低了对方,表现出"下不为例";

帮助了别人,到处吹嘘自己做了这样一件好事,说明自己的善良和高尚,表现出"多亏有我,不然他就完了"……

面对这样一些人,即使他们能帮助你,你愿意接受吗?你肯定不愿意。所以,在你想要帮助别人的时候,千万不要有这样的行为。给予的核心是爱,我们应该以爱的方式帮助人、理解人。在帮助他人的时候,照顾他人的心情,顾及他人的自尊,也不要炫耀自己的付出,摆出一副"恩人"的态度,这样的行为才真正能够显示出你的善良与平和。要知道,我们帮助别人,不是为了换来别人的感激,但至少不能招致别人的误会。

以爱的方式表达你的爱心,是对他人最大的尊重。要记住,当你在追求生命质量的时候,别人也有同样的想法,不论你给予的是什么,都要有一种平等的心态:你在给予的时候,也会得到想要的东西。明白这一点,你一定会找到最合适的助人方式。

每个人都有一笔巨大的财富

人应尊敬他自己，并应自视能配得上最高尚的东西。

——黑格尔

《伊索寓言》里，有这样一个故事。

一头驴子走在路旁，它拉着一辆沉重的大车，脊背几乎快要被压断，这时，一匹马哒哒哒地从它身边经过，马配着精美的马鞍和马镫，就连马头也用漂亮的羽毛装饰着。马背上有一个年轻的骑士，他看上去意气风发。

"我真羡慕你啊！"驴子忍不住说，"你多么威武，多么好命，我呢，每天不是拉磨，就是拉车，从早到晚都不闲着，只能吃到最简陋的草料。"奔跑的马回头对它说："我真希望能和你交换一下！"驴子一时没理解马的话，它觉得马在笑话它。

过了一个月，驴子又看到了那匹马，但马已经变成了一具尸体。原来，这马随着骑士上了战场，每天都在战火和厮杀中度过，终于被敌人的投枪刺死。驴子不由得打了个哆嗦，它一下子明白了马说的那句话。

"看来，做驴子也有做驴子的好处！"驴子说。

很多人用自己的经验说："生命的意义在于给予。"更多人不以为然，他们会认真地说："我不知道自己有什么，能给别人什么，事实上，我是一个再普通不过的人，根本比不上我身边的人。"他们说的话的确是心中真实的感受，却不是事实。每个人都有自己的宝藏，但不是每个人都有幸发觉。

就像故事中的驴子，它觉得自己活得憋屈、活得窝火，只能看着身材比自己高、运气比自己好、地位比自己尊崇的马，羡慕不已。但那匹马却宁愿过驴子本分的生活，每天工作，吃草料，平安终老。只要肯换位思考，每个人都有值得他人羡慕的一面，本人不把这些东西当作了不起的财富，另一些人却求而不得。

一个人的富有不只在金钱方面、品德方面，每个人降生到这个世界上，都自带一笔财富。有人有可爱的吸引人的外貌，有人有温柔而善解人意的个性，有人有机灵的头脑，有人有天赋，有人有韧性……除了这些，随着人们渐渐长大，生活更会给这笔财富增添内容：阅历、眼界、心胸、情感……人生的财富是一个不断增加的过程，如果我们认识不到这一点，那也只能过着寡淡的一生。

心灵的富有不应该与物质的富有同步，而应该比物质快一步，认识到自己拥有的财富，对我们的成功也有很大的帮助：一个能够正确评价自己的人，做人谦虚、做事稳当；一个心怀他人的人，懂得礼让、时时得遇海阔天空；一个珍惜自己生活的人，即使在平淡之中，也能品出真味……不要说自己拥有的太少，至少你有以下三种东西，别人肯定没有。

独一无二的自己

你的外貌、你的性格、你做事时的习惯、你的口头禅、你表达情绪的小动作，世界上没有一个人和你一模一样，你不觉得这是一件很奇妙的事吗？想想人类经过漫长的进化，才能够行走、才拥有智慧。又经过不知多少辈祖先的生存，才有现在的你，这个自己如此来之不易，不论世界上有多少人，你都是独一无二的。这样想的人，会更珍惜来之不易的生命，主动拒绝颓废，因为生命的机会如此难得，每个人都应该寻找更高的自我价值。

独一无二的经历

你的成长、你的家人、你的朋友、你经历的每一件事,都无法复制。也许你觉得不够传奇、不够刺激,但没有人知道你小时候对父母如何依恋,没有人知道你为年少时的暗恋做出哪些努力,没有人体会过你的泪水和喜悦,这些东西融入了你的血肉,造就了今日的你和未来的你,是无与伦比的财富,值得你反复品味、提炼,把美好的部分永久珍藏,把苦难的部分予以升华,把悔恨的部分变作教训。

独一无二的思想和心境

每个人的生命轨迹不同,注定每个人都有自己的思想。你的每一个心思,每一次选择,每一个行动的步骤,即使有模仿他人的痕迹,也是走在自己的路上。你对事物的看法,永远由自己决定。当所有经历都变成了思想和智慧,当种种情绪沉淀为悠远的心境,你会发现这才是人生的意义所在,也是命运赠给每个人的最好的礼物。

认识到自己手中的宝藏,我们需要做的就是不断发掘。发掘自我、发掘生活、发掘命运的秘密,然后我们才能学会感恩。感恩,是对自己的肯定,是对外界的回馈,一个懂得感恩的人,能够把生活当作朋友,把苦难当作老师,把伤痛当作礼物,他们的成长成熟,都是享受,而生命,本来就该是一种享受。

每个人都是富翁,为了享受世间的一切才降生于此。但有多少人愿意享受苦难,享受泪水,享受生老病死之间的种种苦涩?它们都是人生的财富,需要你慢慢领会。有一天等你明白自己究竟拥有什么,你会承认命运没有偏爱也没有冷落任何一个人。应该如何利用这笔财富,取决于你的心胸与梦想。

百味人生,你体会过多少

> 理想的人物不仅要在物质需要的满足上,还要在精神旨趣的满足上得到表现。
>
> —— 黑格尔

一位畅销书作家正在为新书烦恼,他想要继续创造销售神话,也想要超越自己。他对一位老作家说:"凶杀写过了,感情写过了,诡异的写过了,清新的写过了,怎样才能写出更抓人眼球的东西呢?"老作家说:"写不出东西就不要逼着自己写,去体验一下生活。"

"体验生活?去哪里体验?"作家问。

"你可以去农村看看农民怎么种庄稼,可以去工厂看看工人怎样劳动,可以去偏远山区看看那里的人过着什么样的生活,可以体验的事太多了。"老作家回答。

"可是,我不能离开工作,一旦我不再出书,我的位置很快会被别人取代。而且我是一个偶像作家,我负责编织梦想给人们看,你说的这些东西对我有什么用呢?"

"这正是你缺少的东西啊,你难道想一辈子都只当一个偶像作家吗?相信我,一旦你体验过,你就不会那么在意你失去的这些东西。"老作家说。

出于对老作家的信任,作家放下一切去旅行,他和农民一起种庄稼,听山里的和尚讲经,和牧童学吹笛子,在偏远山区喝浑不见底的苦水,他还去了城市的各个角落，从舞厅到胶囊旅馆，从最高层的大厦到贫民区的高危房，他的心越来越沉重，目光也越来越清澈。

几年后，他回来了，再次开始动笔，再次出版的作品洗尽铅华，充满着对生命的沉思和对土地的热爱，受到了高度好评。这位作家把所得版税捐给了一个小山村，在那里建了一所小学。作家说，在旅行中，他发觉自己的生命才刚刚开始，而现在，他的作家生涯才刚刚开始……

人生的丰富有很多层含义，其中之一，就是经历上的富有。人们都很羡慕那些经历过很多事，颇有"传奇色彩"的老人，即使他们看上去邋遢古板，也愿意坐在他旁边，请他讲一讲他经历过的好玩的事——经历是一笔财富，有些人在一个城市出生，在这个城市工作，最后葬在城边的墓地，这样的人的一生平淡无奇，既没有给别人留下谈资，也没有给自己留下值得回味的内容，他们的生活可能是富足的，但内心却很贫瘠，他们少了对世界的领悟。

人们常说人生百味，值得体味的东西太多太多，单就自己的生活而言，哪个人不是喜欢甜多过苦，喜欢顺利多过挫折。人们趋吉避凶，择路而行，为的就是绕开危险、绕开困境、绕开挫折，最好能把成功幸福的生活直接捧在手里。但是，这样的人生，真的是最好的吗？

就像一位作家要写小说，他不用伏笔，不加具体曲折的描写，不为主人公设置任何困境，直接写了一句：主人公过着幸福快乐的生活。谁会认为这是一本好书？谁会觉得这种经历荡气回肠？所以，人生要百味俱全才叫精彩，任何事都不能回避。

再说说别人的生活，你看得多吗？了解得多吗？别人和你不同，与你思维迥异。他们可能与你遭遇同样的事，可能与你有不同的机遇，这些都值得你仔细思考。谁的人生轨迹不是一个长长的故事？多去体味，丰富的是你自己的头脑与心灵。

人生百年,值得体味的事太多太多,总是觉得自己的生活单调乏味,是心灵贫瘠的表现,你需要赶快行动起来,去体味人生的点点滴滴。可以从以下三个方面着手,改变你的孤陋寡闻,改变你的一成不变,改变你的眼界和阅历。

对自然的体味

在你的印象中,自然,是你家附近的小公园,还是人山人海的名胜景区?你有没有真正地去领略过大山大川、大江大河?读万卷书不如行万里路,这个世界的美丽需要你去欣赏,你才能知道江南水乡的气韵、塞北大漠的豪情,在广袤天地之间,你会发现人的渺小,人的烦恼不值一提。你的情感也会在山水之间升华。

回到家中,你也许不能经常在花海徜徉,但在窗台上放一盆小花,在书架上挂一串紫藤,都会给你的生活增加色彩与活力。这就是自然对你的改变。

对生活的体味

你的生活中有什么?三点一线的工作、家庭、超市?你有没有仔细留意过生活的各个角落?孩子虽然总让你烦,但他们稚气的眼神有多可爱;另一半渐渐变得唠叨,但夫妻间的温情自有细水长流的隽永感;工作繁琐,但细节处的改动也会有火花擦出,让人体味乐趣;生计沉重,柴米油盐的俭省也能烹出佳肴。

重新看生活,又有几个人的一生传奇不断?能够认真体味其中的点滴,才能知晓其中的丰富,为自己带来感悟和愉悦。这就是生活给你的奖励。

对他人的体味

好不好奇别人过着什么样的生活?那些看上去比你风光的人,和那些看上去比你艰辛的人,他们每一天都在做什么?他们站在什么角度想问题,你能够理解吗?每个人都是一个故事,值得你细细观察思考,想得越多,懂得越多,理解体谅的就越多。看穿世事的双眼是怎么炼成的？一切经验就在对他人的体味中。

仔细思考他人，人心难测，但人心又都有一定的规律可循，当你不再为他人与你全然不同的举动惊讶，当你能够倾听每一种思想，你是博大的。这就是他人给你的智慧。

人生的滋味要反复咀嚼，才能品出各种变化，各种细微之处的美妙感受。充实的内心来自多方位的体验，来自生活经验的积累，来自对生活发自内心的热爱。去体会更多的东西，还是那句话，你的积蓄有多少，心灵的能量就有多大。

付出是一种愉悦的体验

你要记住，永远要愉快地多给别人，少从别人那里拿取。

——高尔基

王尔德写过一篇童话，《快乐王子》，以优美的笔触讲述了这样一个故事。

一个从来没有体会过人世间贫穷、伤心的王子死去后，被塑成雕像放在城市中。从此，王子看到了人世的另一面，善良的他看到他人的眼泪，忍不住同情。

他要求自己的朋友——一只燕子把他剑柄上的红宝石送给一个贫穷的女裁缝。

他请燕子将他的一只眼睛——一块蓝宝石送给一位忍饥挨饿的青年作家。

他把另一只蓝宝石眼睛送给了卖火柴的小女孩。

他把身上的金片送给穷人，换来了他们的欢笑。

他再一次死去了，没有人知道他的功劳，人们拆除了他的雕像。但是，他和善良的燕子被带到天堂,上帝说这是城市里最珍贵的两件东西。

仁慈又充满爱的心灵是不朽的,这就是《快乐王子》这篇童话的主旨。人生的价值在于奉献,在于对他人的付出,有这种心灵的人,总能在他人的笑脸中知晓感情的真意、生命的真意。生命的意义可以排除任何外在显示出的东西——美丽、富有、聪明,而只与心灵有关。因为生命会流逝,美丽会随时光黯淡,富有的人不能把金钱带进坟墓,聪明的头脑也会因各种疾病变得迟钝,甚至因自我的狭隘走向偏执,只有内在的品德永远不会改变,一颗关心他人的心永远被人铭记。所以,付出是另一种形式的富有。

每个人的心都是一个容器,有的人器量大,有的人器量小,这反映的是一个人对人对事的眼界和态度,也反映了一个人的心中究竟装了什么。

有的人心中充满忧伤,他们的世界永远是灰蒙蒙的,他们总在哀叹自己的不幸,完全沉浸在个人情绪中,从不会注意身边的人在做什么,这个世界在发生什么。他们的眼中只能看到自己的喜怒哀乐,他们的行动也只为满足与自己有关的小愿望。

有的人心中装满欲望,他们的世界就像修罗场,充满尔虞我诈,为了达到个人目的,他们不惜损害任何人的利益。他们是完完全全的利己主义者,不但不为别人着想,还会想着怎样损人利己,他们只懂得索取,不懂得奉献,而别人对他们,也不会有赞美。

还有一些人心中充满对他人的尊重和爱护,他们的世界是广阔的,既有自己,也有和自己大不一样的其他人,他们愿意拿出自己的东西与他人分享,愿意尽可能帮助其他人,他们拥有的东西也许并不多,但通过分享,他们的内心却比任何人都充实。

心中有爱,是最大的财富。一个懂得爱别人的人,必然懂得宽容,必然有理解他人的智慧，必然懂得控制、调节自己的情绪，他们的生活也在与外界的良性互动中呈现一种和谐向上的趋势。爱就是付出，不要觉得付出是吃亏，当你心怀善意帮助他人时，也会在困难时刻得到他人伸出的援助之手，不要对他人的苦难无动于衷，过去、现在、未来，你都要接受别人的帮助，也需要这种帮助。

在人与人的关系之中，尽量不要去计较付出与得到是否平衡，不要总是想"我对别人这么好会不会吃亏"，如果老是想着别人的回报，那么在帮助他人之前，就会先把人分成三六九等，然后只帮那些有能力回报自己的人，这有违善良的本意。爱应该是无私的，在付出的时候，你想到的就是付出，没有其他。

人们会因爱变得更富有。起初，爱只是富有的一种形式，慢慢地，你发现它在不断扩大，你会发现因你温润的情感，你的家庭、你的朋友、你的父母都被你所感染，对你更加细心、体谅，你获得了一大笔精神财富。

你会发现被你尊重的上司、被你帮助的同事、被你提携的后辈、被你照顾的客户都在帮助你，你获得了一大笔事业财富。

你还会发现你的心灵因为爱的存在，变得不那么偏执，不那么冷漠，每天都有新的东西补充，你获得的是无与伦比的精神财富。

最后，你发现你的名声越来越好，你说的话越来越有分量，你的威望在无形中越来越高，这是社会、是他人对你的最大肯定，你受到的尊重同样是一笔财富。

一切因付出而来，不要吝惜你所拥有的一切，分享的同时就是收获。敞开自己的心胸，容纳他人，理解他人，帮助他人，你的生命因此而富足，因此而高贵，因此而与众不同。

第四章

每天练习倒空你的烦心事
——疗愈内在的忧虑

　　忧虑不是来自外界，而是来自心灵，我们要学习如何与无处不在的烦恼打交道。与其咒骂它，不如接受它；与其纠缠不休，不如淡然处之。

　　心灵要保持通风透亮的状态，才能享受畅快的空气，学着告别忧虑，每一天以微笑的状态过有情趣的生活，人生，不应该是烦恼的集合。

忧虑诊断书，做自己的心灵医生

> 面对太阳，阴影将落在你的背后。
>
> ——惠特曼

"发愁的事太多，我真想找个心理医生看看。"越来越多的人喜欢说这样的话，他们愁容满面，意志消沉，做事提不起精神，甚至觉得自己的身体出现了易疲惫症状。安先生也曾是"愁眉苦脸族"的一员。几年前，他在超市做着搬运工作，看不到未来方向，女朋友提出分手，种种不如意的状况，让他不得不借酒消愁。

一个晚上，他太过郁闷，拨打了电台开通的心理热线，说了自己的情况，询问医生："你说我是不是得了抑郁症？"医生笑着说："不是，你遇到打击，有心理波动是正常的事，不要动不动就想到心理疾病。"医生还对安先生说了抑郁症患者的一些标志性特点：如性格大变，体重剧减，快乐能力降低等等，一条条与安先生的情况对照。最后，医生得出结论："你需要的不是心理医生，可以找一个倾诉对象，也可以自我调整。"

安先生大为放心。后来，随着薪水的提高，安先生很快恢复了往日的开朗。

每个人在过分忧虑的时候，都会产生一种无助心理，自己无论如何也摆脱不了某种消极的情绪，医学研究表明，忧虑损害人的健康，烦恼郁结于心肺，会使人的抵抗力下降，集中力下降，显得没精神。医学研究还表明，普通忧虑算不上疾病，没有药可以吃，没有医生能治好，想要克服它，只能靠自己。

是的,只要你不是完全丧失生活能力,不是完全被这种情绪控制,没出现体能、体重、注意力持续下降现象,不是动不动就握着安眠药思索"吃,还是不吃",你的问题就没有达到进心理诊所的严重程度。烦恼人人都有,难道你特别脆弱?还是仔细地分析一下自己的烦恼,想一想应对的方法吧。

人体是个复杂的系统,每一个细胞的运转,每一条毛细血管的输送,每一个器官的工作,都有条不紊。有时候一个小部分出现问题,可能产生更大的影响,就需要找医生拍片、切脉、检查、抓药,重新恢复健康。

人的心灵同样复杂,每一个感觉、每一种思维、每一次感情的酝酿,都有可能导致心情的起伏,引起各种激烈的情绪,而忧虑,就是哪一条思维线出了小问题,这种隐形的原因无法用 X 光来照,无法从脉搏上寻找线索,你只能自己当一次医生,寻找出病因,再给自己开几剂药,恢复心灵的健康。

先问问自己的心灵:你怎么了?你为什么这么不高兴?它会告诉你为什么忧虑不已:为明天的面试紧张、为孩子不肯好好吃饭担心、为意中人不理睬伤心……有了具体的原因,就能够对症下药地安慰它、鼓励它、排解它。

更多的时候,忧虑根本找不到具体的原因,而来自对未来的巨大的不安,不知道明天会不会发生意外,不知道明天会不会不顺利,做着这样的工作一辈子都无法出头吧,娶了这个女人真的会幸福吗……未来无法把握,人心无法把握,命运无法把握,这引起了人们巨大的担忧,害怕今日的安稳幸福明天就寿终正寝。人们对未来的担心所产生的忧虑,远远大于此刻的生活带来的烦恼。

针对这种普遍的忧虑心理,一位美国作家曾做过一次测验,他把自己担心的事全部写下来,结果发现,这些事 80%都没有发生。而人们却为了这些根本不可能发生的事浪费着大量的时间和心力,真是得不偿失。

中国早就有类似的故事,一个杞国人担心天会塌下来,病倒在床上,多亏朋友的耐心开解才让他恢复了健康。不论对现状还是对明日的忧虑,都很像杞人忧天,有时候我们必须让自己的心胸开朗一些,多一点豪迈的气概:享受今天,明天就算有什么难题,兵来将挡水来土掩,想办法解决就是了!

你是不是也有一张闷闷不乐的脸?你是不是总是觉得生活中开心的事太少,而烦恼的事太多?给自己的心灵号号脉,开张诊断书,解铃还须系铃人,所有的忧郁和烦闷,都需要你亲自开解,只要找对病因和方法,忧虑和烦恼一定会远离你。

烦恼的本质:那些你没做好或者做不好的事

> 不要无事讨烦恼,不作无谓的希求,不作无端的伤感,而是要奋勉自强,保持自己的个性。
>
> ——德莱塞

十六岁的伊伊是个多愁善感的女孩,一双大眼睛里总是带着忧郁。女生觉得她适合当琼瑶剧的女主角,男生都觉得她像林黛玉。

伊伊觉得生活中有很多事令她忧郁,一阵风就能让她想到聚散无常,想到她有一天会和身边的好朋友分开;几滴雨能让她联想起古人的眼泪,想到自己虽然努力成绩却不够好,和那些长吁短叹的诗人没有分别。交了男朋友之后,她的伤感变本加厉,总是预感两个人很快就会分手,想着想着就偷偷哭一场,弄得男朋友根本不知道怎么劝她。

男朋友对伊伊说:"你们文科生太多愁善感,学习一下理科思维,也许能改变你的个性。"

伊伊说:"理科思维就能让我不烦恼?你倒是说说。"

男朋友说:"理科思维首先要把事情分类。就拿你的烦恼来说,可以分为两类,一类是你没做好的事,一类是你做不好的事。没做好呢,就是通过努力能够做好的,比如你的长跑速度太慢怕不达标、英语成绩差怕不及格、周一升旗仪式总是忘记戴校徽……这些事与其烦恼,不如赶快去锻炼、背单词、买个记事本。你说,我说的对不对?"

伊伊点点头,又问:"那做不好的事呢?"

男朋友说:"做不好的事也就是你根本做不到的事。例如,你希望夏天别下雨,永远是高中生,或者女孩子希望自己是个男生,这些事你就是再烦恼也是白费力气,还不如赶快接受现实,买一件漂亮的雨衣,好好珍惜现在的时光,享受当女孩的乐趣和女孩子拥有的特权便利。你说对不对?"

伊伊再一次点点头,说:"我知道你说的都对,可是'没做好'这件事本身就很让我沮丧;'做不好'也让人绝望,这些都是烦恼,我怎么控制呢?"

"想要完全控制情绪本来就是不可能的事,这也是一件'做不好的事',但是,烦恼来的时候别太费心,由它去吧,这不就是'做得好的事'?"

恋爱中的女孩总是很轻易地就把男朋友的话记在脑海里,从此以后,伊伊每遇到什么烦心事,就会下意识地把它归结到"没做好的事"和"做不好的事"中的某一类,分类完成,对策也会产生,她越来越没有时间叹气和掉眼泪,她用更多的时间去解决烦恼或改变现状。高中毕业的时候,伊伊考上了不错的大学,在气质上,也由泪水女孩变成了阳光少女。

人们为什么会烦恼?因为生活中的事没有合自己的心意,所以产生了失落情绪。为什么那么多的事不合自己的心意呢?一是因为环境不因个人意志转移,二是自己没有尽到足够的努力,所以,故事中男孩把烦恼分为"没做好的事"和"做不好的事",不是没有道理。

如果我们愿意遵循一些简单的道理,生活也会变得简单。就像对待烦恼,如果我们也能学会分类,为没做好的事努力,不为做不到的事叹息,我们的生活也会处处充满阳光。

对那些"没做好的事",我们常常后悔和惋惜,甚至一而再再而三责怪自己,但这种做法对自己没有任何好处,只会让身边的人听着腻烦,还会说:"过去多久的事了,你怎么总唠叨?"有时间,不如分析一下为什么没做好,或者干脆重新做一次。如果没有重来的机会,那这件事就是"做不到的事",接受现实,寻找其他弥补方式吧。

对那些"做不到的事",我们常常无奈甚至厌恶自己,这就是自寻烦恼。多数人都是普通人,只能立足于生活,个人生活之外的东西,可以向往,但不要太执着。而且,现在做不到的事,以后可能做到,如果能做个顺其自然的人,也能收获很多成长的快乐。

给烦心事分类不需要高深的智慧,也不需要太多时间,它是一件最简单的事。

找问题是最常见的方法。烦恼的产生大多有一个契机,想要解决就把它找出来。不能只看烦恼表面,而忽略了最重要的东西。不然解决的只是表面问题,治标不治本,没多久,同样的烦恼又来打扰你,一而再再而三,让你筋疲力尽。不如来个"一次根除",才能解决根本。举例说明:

石小姐脾气好脸软,是公司有名的"好好小姐",经常有人托她打印、打扫、加班、买饭……各种杂事,石小姐都会一一做到,同事们不但没有觉得自己给石小姐添了麻烦,反而更加放心地"拜托"她,让她烦不胜烦。这天,连周末带孩子都找到石小姐头上,她忍无可忍,在电话里硬邦邦地拒绝了对方,第二天更是拒绝了所有人的"麻烦",并毫不留情地对其中一人说:"这件事你不能自己做吗?难道看不到我也很忙?"从此,没有人再来拿小事烦石小姐,人们对她多了尊重。

有些时候,烦恼看似有很多种情况,其实追根究底只有一件事,解决这件事,其他事迎刃而解。把这件事找出来先集中全力攻克,其他事放在一边,你会发现

一劳永逸,生活豁然开朗,举例说明:

一位失业青年宅在家里,母亲天天数落他,女朋友也总在发脾气,隔壁住的大伯每天都在支使他,让他烦上加烦,他每天都考虑自己出去租房子,每次和女朋友吵架就考虑换女朋友,有时候恨不得和大伯断绝关系,因为在家宅太久,他的身体和脾气都变得很差,这让他和别人冲突更多。后来,他找了一份工作,大伯不能使唤他,妈妈天天给他做四菜一汤,女朋友也总是鼓励他,他的身体也好了起来。

还有一种情况,就是根本不适合自己做的事,为此,你再烦恼也没用,正视、承认然后放弃是最好的办法。硬要坚持,就是自寻烦恼。仍然举例说明:

一个孩子从小就喜欢美术,做梦都想当一个画家。可是,他既没有好的色彩感,也没有好的构图感,他学了十年素描,依然只能画出干巴巴的作品。为此他到处拜师,时时练习,处处找灵感,却没有多大收获。上了高中后,他在父母的勒令下远离了绘画,开始苦读文化课,他发现自己学起别的东西来倒是比别人都快。后来,他考上一所重点大学,过去的焦虑、失望、沮丧等等情绪远离了他,他才发现,人生未必只有一种梦想。

看,不论大事还是小事,生活中的烦恼都可以简单地归为某一类,取其核心,断其根本,防止它的扩大。为什么有些人总是开开心心? 就是因为他们不勉强、不苛求,他们明白过程比结果重要,努力比收获重要——对多数人而言,这是一句安慰;对他们来说,这却是颠扑不破的名言警句。说到底,是因为他们不把自己当作神仙,认真生活,却不要求自己事事完美,此等凡间智慧,不正是告别烦恼的秘诀?

不要把烦恼憋在心里

> 把烦恼当作脸上的灰尘,衣上的污垢,染之不惊,随时洗拂,常保洁净,这不是一种智慧和快乐吗?
>
> ——王蒙

付果果是个让人羡慕的人,在大家看来,她总是那么无忧无虑。果果并不是一个小女孩,她年过三十,但令人惊讶的是,她每天都能开开心心,笑得像个孩子。

也有人觉得果果这个人没心没肺,什么都不在意,什么都不担心。可是,了解果果的人都知道她是个细心的人,不论在工作上还是生活上,都能做到细致入微。人们总觉得这样聪明周到的人一定有很多烦恼,但果果却能一面考虑很多事,一面笑口常开。

有一次,一位同事问果果:"付姐,你就没有什么烦恼的事吗?"

果果说:"怎么会没有?谁没有烦恼的事!我家孩子最近不但生病,期中考试的成绩还下降了二十几名,你说我能不烦恼吗?"同事说:"可是,谁都看不出来你有烦恼!"果果说:"那是因为我会排解,把烦恼及时排解出去。"

果果从小就开始摸索这套"烦恼排解法"。小学二年级的时候,果果英语没考好,回到家里大哭,一连几天都没有笑脸。奶奶对她说:"你年纪这么小就整天愁眉苦脸,今后不知还有多少挫折,你怎么办?我给你买了一大盒草莓,你全都吃掉,吃能解千愁。"果果将甜滋滋的草莓一口气吃完,果然心情大为畅快。

果果至今也不明白吃东西与消除烦恼有什么具体关系,但她渐渐总结出很多排遣忧虑的方法:在无人的房间大哭,吃东西,购物,大量运动,写日记,对宠物倾诉……她的结论是,有了烦恼千万不要憋在心里,只要及时"排泄",就不会累积成负面情绪。发泄了,心情就会变好,就能继续笑着面对生活。

忧虑是怎样产生的? 这是一个很值得思考,也很有意思的问题。

忧虑情绪来自于日常生活、环境、心理压力、突发事件造成的烦恼,如果把烦恼看作单独的、个体的,小的烦恼很快就会被忘掉,大的烦恼也容易被解决,但是,如果大大小小的烦恼连成一片,量变就会累积为质变,可忘掉的再也忘不掉,可解决的变得复杂,甚至不能解决,在这种情况下,忧虑情绪才会根深蒂固。

烦心事如果都能进行分类,人们就能按部就班地开导自己,解决问题,但是,忧虑情绪却无法联系到某件具体的事,或者烦心事太多却没有任何头绪,是一种没来由的烦躁,这个时候,分类法显然不再适用。我们需要寻找更有效的开解方法,保持心灵轻松。

正因如此,人们不能忽视小烦恼,不把烦恼憋在心里,及时释放心中的小情绪,如果每一个烦恼都能及时排遣,每一个问题都能积极解决,人的烦恼自然会越来越少。人不可能没有忧虑,但至少这份忧虑不会像千斤重担,压得人喘不过气来。所以,想要摆脱烦恼困扰,最重要的就是及时有效地发泄,现在,就来学习一下如何解决小烦恼吧!

发泄法。排遣烦恼的一大法宝。心里有气就发出来,听上去很解气,但不能不分时间场合乱发泄,否则会惹出大麻烦。发泄需要在无人之处,大喊大叫也好,大哭大闹也好,乱扔东西,对枕头拳打脚踢,大吃一顿……只要能达到心灵畅快,身心轻松,就是一次成功的发泄。烦恼并没有解决,但心情已经大好,烦恼甚至不再是烦恼。

密友大法。每个人都应该有几个密友,烦闷时陪你喝酒,听你唠叨,或者损你几句,让你知道"事情没什么大不了",或者安慰你几句,让你知道"你不是一个人"。亲人爱人因为太过亲密的关系，很容易被你的情绪同化，陪你一起哭一起烦，朋友却能站在相对客观的立场，缓解你的抑郁，不增加你的烦恼，是最佳的倾诉对象。

拆分法。"大事化小，小事化了"的拆分法既是一个解决矛盾的好方法，同时，也是我们顺利解决烦恼的好办法。把烦恼拆到最小，就能集中精力，一样一样解决。就像面对一项繁琐的工作，把它拆解为几大部分，每一部分继续拆解，落到个人手里的，只是一个小工序。面对大烦恼，也可以用同样的方法，兵来将挡水来土掩。

举个例子来说说拆分法的应用。一个青年失业在家，他的学历不高，样貌一般，能力一般，口才一般，还没什么经验，可谓就业市场的老大难。如果把这个大烦恼拆解，无外乎需要能力、需要学历、需要样貌、需要口才。

学历是硬件，做不了假，这时可以强调自己的勤勉，强调自己的事业心，来取得考官的信任。还要调整自己的心态，说服自己先找简单的工作，别去和那些名校生硕士生抢独木桥。三百六十行，行行出状元，人生的较量，看的是来日方长。

能力和经验。虽然很多公司都要求应聘者"有经验"，却没见哪个初次应聘的人找不到工作。新人只要资质合适，用人单位甚至会优先考虑。多了解了解应聘的公司，说说对公司的看法，给他们的人事经理发发邮件，谈谈感想。你把诚意表达清楚，际遇之神总会眷顾。

样貌可以通过"包装"来解决，把头发理清爽，胡子刮干净，衬衫雪白，皮鞋擦亮，挺胸抬头，让人一眼就看到朝气，你还能差到哪儿去？

口才。并不是所有工作都需要口吐莲花，并不是所有公司都喜欢油嘴滑舌的老油条，既然没有舌战群儒的本事，就保持沉默是金的本色，大方地回答问题，不必滔滔不绝地推销自己，要知道，有些考官就喜欢稳重的年轻人。

一次拆分完毕，你可以把每一部分再次拆分，例如服装部分，你买什么样的衣服适合你，什么样的发型看起来最精神……当你专注于每一个小细节，你是在解决烦恼的微小部分,你没有时间去烦其他事。当你把这些小部分统统搞定,大烦恼迎刃而解。

消除烦恼的方法只有两个,要么通过排遣无视它,要么通过努力解决它,你可以举起扫把将它们通通扫掉,也可以围追堵截,将它们一个不剩地围剿。面对烦恼,当个勇士才不会被它们压垮。别把烦恼憋在心里,释放你的心灵能量,将它们战胜,才能有快乐的生活。

把生活看成喜剧,才能改善最糟糕的情况

> 笑是一种没有副作用的镇静剂。
>
> ——格拉索

"最近我糟透了!"最近,巴黎一家剧团的喜剧演员莫尔斯先生总是把这句话挂在嘴边。知道他生活的人都知道这句话并不假。

霉运是在一年前开始的,莫尔斯的妻子出轨,提出离婚,提着行李和人跑了。照顾五岁孩子的任务落在繁忙的莫尔斯身上。莫尔斯在研究剧本,研究表演技巧之余,还要研究如何做家务,他只好打电话向自己的妈妈求救,请她来巴黎照顾孩子。

当天,雪上加霜的消息再一次传来,莫尔斯的妈妈生病了,根本不能出远门,需要请看护。莫尔斯只好把自己微薄的薪水分出一部分支付保姆费用,让保姆照顾好孩子。可是,一个一个的保姆来到家里,不是不够细心就是手脚太笨,全都不合适。

也许是心浮气躁的原因,莫尔斯的工作也出现了问题。他常常在舞台上表演逗人发笑的角色,如今,剧团经理和他谈了好几次话,说他的表情动作太老土,跟不上时代,观众反应很差,希望他赶快想想办法。莫尔斯觉得,经理有辞退他的意思。

种种情况加在一起,莫尔斯的确"糟透了",而且有越来越糟的趋势。他甚至想到要去看看心理医生。周三这天,剧团没有演出,他穿好衣服,准备出门,看到镜子里自己的脸,一脸衰相不说,眼角还多了两条鱼尾纹,莫尔斯不禁长吁短叹起来。

"你看着就像个倒霉鬼!"莫尔斯自暴自弃地对着镜子说话,"你就不能笑笑?对,笑笑,至少别给别人带去晦气!"于是,他用双手拉起自己的脸颊,拉成一个大大的笑脸,告诉自己:"你今天就用这个表情去剧团,明天也是!"

那一天,莫尔斯果然一整天都在笑,碰到他的人都说:"今天怎么这么开心!是不是遇到好事了?"一位剧本作者说:"我正愁找不到新剧的主角呢,对对,就是要你这种笑脸!就用你了!"晚上,几个演员看他心情好,邀他一起去喝上一杯,他们品尝了地道的海鲜,莫尔斯觉得自己很久都没有如此痛快过了。

第二天是周末,莫尔斯继续保持笑脸,他的孩子也受了他的影响,开始大笑,父子俩合力打扫房间,制作早餐,然后,莫尔斯在儿子面前读剧本,这是一部喜剧,主人公经历了各种各样的倒霉事,迎来皆大欢喜的结局。莫尔斯想,如果把生活当作一幕喜剧,把烦恼当作必经的过程,一直坚定信心,任何人都会迎来皆大欢喜。

"情况糟透了!"是我们都曾挂在嘴边的话,人生起起落落,总会有几个阶段万事不顺,喝凉水都塞牙,事业生活感情同时陷入低谷,坐个出租还有可能把手机弄丢,以为已经最糟了,第二天上司说:"最近经济不景气,我们要裁员。"你不禁仰天长叹:"我还可以更倒霉一点吗?"

随之而来的长久的沮丧更是打压着人的斗志，让人不知道这种低谷期还能不能过去，是不是一辈子都会如此。如果就此一蹶不振，霉运也会接连不断地循环下去：因为没有精神去面试，就没找到好工作；没找到好工作，每天仍处于不开心、不得志的状态；心态不好，工作效率就不高；效率不高，加薪升职无望，还有被解聘的危险；在无望和危险中忧心忡忡，心情更不好，效率更低……

其实解决这一切的方法并不难，只要把第一个步骤改变了，之后的一切也会发生根本性的改变。把灰头土脸的衰样变成一张充满自信的笑脸，面试公司愿意接受这样一个人，在这样的心情状态下，思维活跃，学东西做事都有效率，加薪升职只是时间问题，这时候，你的笑容会更加灿烂，你的生活会更加顺利，你会说："好运来了！"

不要把生活看成杂乱无章的闹剧，更不能把它看作凄凄切切的大悲剧，生活的确像个戏台，演员们来来往往，喜怒哀乐轮番上演，既然如此，为什么不把它们看成喜剧呢？所有的苦难，为的是最后的大团圆；所有的烦恼，都值得人开怀一笑；所有的不如意，都能自嘲着开解，这样的生活，难道不是最好的吗？

只有乐观的态度才有助于改善最糟糕的情况。当你觉得"最糟糕"的时候，可能更糟糕的事就要来了。但是，当你觉得"这没有什么"，保持一份好心情，那些糟糕的事就真的成了"没什么"。想拥有这种心态，最重要的是学会笑对人生。

微笑是一种生活态度。当我们笑脸迎人时，与他人的隔阂正在慢慢瓦解。一张笑脸对生活最大的影响就是，你会发现你很少得罪人，很多人喜欢与你相处，看到你乐呵呵的脸，他们也能一扫心中的阴霾。当我们微笑着面对生活，生活中的那些烦恼就会缩小。

笑脸代表自信和乐观。当我们以微笑面对打击和挫折时，失败正在悄然退败。笑脸代表愉快，代表不害怕，代表积极的心态。当我们笑起来的时候，周身上下的愉悦感能够活跃每一个细胞，特别是大脑细胞，让我们避免失落和僵化，想到更好的主意和更有效的办法,这时候,困难将不是困难,糟糕的状况也会因此改善。

微笑是对自己的积极暗示。我们每个人都渴望更加接近理想的自己,而一张笑脸,代表的是我们对自己的肯定,对困境的藐视,对未来的自信。当你想象未来时,你认为对待成功,应该用什么表情? 当然是此刻的微笑。

笑对生活,笑对每一次来自生活的打击,笑对每一种困境,不论现状有多么糟糕,都要告诉自己:这只是喜剧必备的情节,转机很快就会到来,每一幕喜剧都会有若干闹剧和悲剧穿插,熬过去,每个努力的人在剧终之时,都能得到丰厚的回报。

淡定,让烦恼瓦解

> 凡事只要看得淡些,就没有什么可忧虑的了;只要不因愤怒而夸大事态,就没有什么事情是值得生气的了。
>
> ——屠格涅夫

华女士说她最佩服的人不是伟人,不是名人,而是她的妈妈。因为她的妈妈面对家务总能表现出一种"淡定的气概",不论事情有多复杂,她都能不紧不慢。而面对相同事情的时候,急脾气的华女士只会气急败坏地扔掉扫帚,打电话叫钟点工赶快上门。

她也曾向妈妈讨教秘诀,妈妈说:"没有什么秘诀,一件一件地做,就做完了。"

华女士说:"那是因为你有很多时间,像我,一进到办公室,就有数不清的大事小情等我去处理，一直到睡觉前我不能安生，我根本不能像你那么有耐心！"

妈妈摇摇头说："你不要小看家务事，就拿我今天的任务来说吧，我不但需要负责我们一家人的三餐，需要买菜，还需要遛狗、洗衣服、打扫房间。这只是最基本的部分。我还要腌咸菜，帮你大姑织毛衣，还要去你奶奶家帮她打扫卫生，还要去小区物业那边办一个手续，还要带狗去打针……"说了长长的一串任务后，华女士咋舌："二十四小时根本不够用，你是怎么做完的？"

"一件一件做，就做完了。"妈妈还是同一个回答。

华女士仍然不理解这句话的意思，但是，经过妈妈一再的教诲，她把"一件一件做"这句话记在心里。每当她看到堆积如山的工作任务，首先告诫自己："不急，一件一件做，肯定做得完。"以前，华女士做事总是做着这个，刚做一半又想起另一件事，丢下手头的去做那件"更急的"，一直重复这个过程，什么事都做得不完美。现在，华女士打定主意，一件事没完成就让下一件事在后面排着，果然大大提高了效率，做事质量也比以前高很多。

人的烦恼有时就像脏乱不堪的房间，需要我们打扫，我们对烦恼，却缺少耐心，常常在打扫之前就望而生畏，就心浮气躁。于是，烦恼堆得越来越高，我们对着它干瞪眼，感觉越来越烦闷。挥着扫把胡乱打扫一番，却把自己弄得灰头土脸，更加狼狈。

为生活琐事而烦恼，芝麻绿豆般的小事一波波涌来，折磨着我们的神经。我们有太多事需要完成。举个最简单的例子，每天我们都要面对交通，我们的工具不外乎地铁、公交、出租，但总会面对堵车，堵车可能造成迟到，而公司不会因为堵车而宽容你，你的全勤奖泡汤了！这件事，就能成为一条导火索，导致你一天情绪低落，说不定还会犯一些大错小错。

埋怨无济于事，迁怒也解决不了问题，你需要做的是耐心地想想原因，如果你能早十五分钟起床，还会赶上交通高峰吗？而且还能让你从从容容进入办公室，打开电脑听段音乐，在轻松的心情下开始工作。你可能会说少睡十五分钟对你影响太大，那就减少十五分钟的网游或看电视，早点躺在床上吧，任何问题只要愿意耐心思考，都会有解决的好办法。

再说说那些不得不面对的麻烦事吧。有些麻烦来自于人，那些絮絮叨叨的人，那些总是教训你的人，那些总和你接触却不能给你带来愉快情绪的人，如果你愿意保持耐心，微笑着听他们把话说完，对你又有多少影响呢？既然与人接触是生活中无法避免的一部分，那就欣然接受吧，每个人都有优点，如果你能发现，也是一种收获。

有些麻烦来自于必须要做的事。要做的事那么多，怎么会不烦恼？不过，事情就算再多也有做完的时候，只要你能保持耐心，一件一件做，总有解决的一天。谁不是每天都在和烦恼做斗争？只有那些战胜烦恼的人，才能得到悠闲的心境。对待烦恼要保持耐心，才能有淡定的心态。那么，如何淡定？

要知道烦恼一定会出现。烦恼是人生的必然产物，没有哪个人的生活可以剔除烦恼。正视烦恼有助人保持开朗的心态：反正烦恼都会出现，何时出现、是多是少，又有什么关系？看穿烦恼都是一些小事，是一种生活智慧。人的烦恼除了衣食住行，就是感情。将它们看穿、看透，让自己更努力一些，更优秀一些，大部分烦恼就会自行消退。

何况，世界上没有解决不了的烦恼。站在烦恼之上看烦恼，这些小事真的让你无计可施吗？你的脑筋是用来做什么的？双手是用来做什么的？烦恼不可怕，关键在于自己能不能水来土掩，只要能克服，来多少都不怕。

而且，烦恼并不是没有意义的东西。烦恼的产生，能够让你更深入到生活之中：你需要思考，思考就需要知识；你需要求助，求助就需要注意与人交际；你需要动手，动手就需要讲究方法。可以说，解决烦恼的过程，就是一个自我提高的过程。所以,烦恼没那么可怕,不如将它当成教科书,努力学习,早日毕业。

淡定地看待烦恼,烦恼就会在你的分析之中,在你有步骤的行动之中,在你的无视中渐渐瓦解,毫无踪影。没有人能够摆脱烦恼,我们能做的只是看透、看开、看轻,让自己始终以一个旁观者的角度看待烦恼,看待烦恼中的自己,旁观者清,你会发现那些曾让你焦头烂额的麻烦事,其实不值一提。

简单而富有情致地生活

> 一个明智地追求快乐的人,除了培养生活赖以支撑的主要兴趣之外,总得设法培养其他许多闲情逸趣。
>
> ——罗素

又一个周末,小楠收拾好东西想要离开办公室,突然发现自己的顶头上司贾女士还在电脑前,她主动问:"贾姐,您还有事做? 需要我帮忙吗? "贾女士笑着回答:"不需要,我不是在工作,在买东西。家里的熏香快用完了,我想试试别的牌子。"

"熏香? "小楠来了兴趣,贾女士很热情地给她讲解"香道"。贾女士喜欢在家里燃香,这些香都是手工制作的古方线香,放在香托上,味道各不一样,有的安神,有的养颜,有的润肺,功效各不相同。各种味道的香料混合起来又产生新的味道,有的清冷,有的滋润。

小楠听得津津有味,回到家,自己也忍不住在贾女士推荐的小店里买了几款线香。渐渐领略到焚香的乐趣。点燃一根线香,看烟雾袅袅升起,心就跟着静了下来,小小的空间香气萦绕,一种古典的感觉油然而生,想象自己是旧时闺阁中的淑女,表情也柔和了不少。

接触香道之后,小楠又有了更多爱好。她报了一个毛笔书法学习班,每天下班后,点一根自己喜欢的香,在案几上一笔一画地练字,彻底摆脱了过去那种回家就赖在网上,几个小时后睡觉的习惯。她还在旧货市场淘到一个大瓮,养了几尾金鱼。朋友们都说,她的家越来越古典,她也越来越有女人味。

采菊东篱下,悠然见南山。这种悠哉的情调,很少有人具备,却是很多人的追求。一开始,人们都希望自己能做点生活之外的事,就像小孩子总喜欢跑到户外看花看草,抓虫捉鸟。随着压力的一天天增加,人们忘记了自己最初对生活的追求,只关注生活本身,他们的烦闷没有一个抒发的空间,他们的情怀没有一个具体的寄托,于是,烦恼日渐增多,越来越无法摆脱。

其实,一切都是习惯,烦恼者的习惯都与烦恼有关,悠闲者的生活处处都有悠闲因素。前者将忙、乱、烦当作了习惯,后者将慢、缓、自在当作习惯。不要酸溜溜地说悠闲是有钱人才能做到的,不少有钱人"有钱没有闲",赚来大笔的钱没时间去花;不少收入水平一般的人却能靠慧心享受别样的情致,例如上面例子里的小楠和贾女士。

平淡生活需要情调来调剂,追求情调是对自己的宠爱。烦恼的人和悠闲的人,面对的往往是同一种生活,后者并不比前者更有能力、更聪明、更富有,他们只是比前者更懂得及时行乐,懂得有情调的生活,需要自己来创造,在这种生活中,人可以沉浸在另一种氛围中,暂时忘掉日常琐事和烦恼,恢复身心的平静。

如何做个悠闲的人?生活上的烦恼,要在生活上找原因,再在生活里解决。觉得房间乱,那就努力保持干净整洁;觉得做家务麻烦,就要每天努力保持并动脑简化家务步骤;觉得房间单调,就要亲自设计出一种风格,寻找合适的饰品,打造自己的小空间;觉得休闲时间无聊,可以培养一种修身养性的爱好,既打发时间,又提高自己的素养。

把生活安排得井井有条

简单的生活才能陶冶简单从容的心境。要学会整理东西。把家里的杂物分门别类地收在看上去简易美观的橱子、袋子、柜子里,这种"整理术"早有达人专门写了帖子出了书,只要看一遍多练几遍,你杂乱的家也能变得敞亮有序。

还要学会保持清洁,大扫除一遍后,只要注意擦拭清扫,屋子的干净透亮就能维持很长时间,与其花一个周末大扫除,不如每天多花三五分钟。需要注意的是,屋子的整洁是建立在人情味的舒服基础上的,把自己的家庭整理成五星级宾馆并不会给你带来悠闲的心情,只会让你以更多的注意力盯着哪里落了一粒灰尘,哪里乱了一个角,使你成为有洁癖的强迫狂,在家比在工作场所还要累!

一定要给自己留出休闲时间

很多烦心事都来自于"忙",越忙越乱,越乱越忙,忙中易出错,错了更加忙。在工作上,这种"忙"可以通过统筹、通过分工得到缓解;在生活上,这种"忙"要靠你自己取舍,该忙的时候要忙,该闲的时候要闲,一张一弛才是文武之道。

必须保证充足的休息时间,如今亚健康成了都市难题,过劳死成了热门话题,前车之鉴就在眼前,我们必须注意自己的身体,

不要为别人的事疲于奔命

还有一种人可以称为"无事忙",下班后本来已经很累了,还要给七大姑八大姨打电话,或者接到七大姑八大姨的电话,听听她们有什么事需要自己解决,然后对别人抱怨:"哪里缺了我都不行,忙死了!"——其实,不是别人缺了你,而是你太爱找存在感。个人有个人的生活,你不去帮她们,她们自己也会解决。

要培养富有情趣的个人爱好

个人爱好的含义广泛,上网是个人爱好,睡觉是个人爱好,坐在屋子里发呆也算个人爱好。显然,它们并不能让你充分地利用时间,消除烦恼。不如找点有情

趣的爱好,陶冶身心,舒缓神经,让心情在园艺、厨艺、针织、宠物的陪伴、书法、音乐等氛围中变得平和。

生活是一种常态,但这种常态的内涵完全由你来决定,你愿意填充丰厚、充实又有情趣的东西,它就会让你怡然自得;相反,如果你任由它被琐事占据,它就充满了鸡毛蒜皮,完全不能让你感到轻松愉快。现在就去寻找能够让生活变得兴致盎然的方法吧,沉浸在个人的小世界中,俗事将远离你,烦恼也不会拜访你,你为自己建造了一个心灵休憩之所。

悲观时,主动寻找生活的另一面

如果怀着愉快的心情谈起悲伤的事情,悲伤就会烟消云散。

——高尔基

托马斯先生是个彻头彻尾的悲观主义者,他对人对事没有热情,当别人快乐时他总是喜欢说风凉话。他的朋友很少,除了工作,只喜欢在家里看电视,根本不愿意多做户外活动。

他的悲观情绪,也传染给他的妻子和儿子,妻子整天无精打采,儿子小小年纪就对什么都不感兴趣,相信人活着就是为了死,什么事都没有意义。小学老师多次找托马斯先生谈话,希望他能给孩子一些正面的教育,托马斯先生却认为让小孩子早一点了解人生的真相,有益于他的成长。

直到孩子进入中学读书的时候,托马斯先生才发现他的教育出了大问题。问题出在课外活动上。美国的大学录取学生,不但要看成绩,还要考查学生是否有特长,是否有参与社会活动,各方面综合评定后,才能予以录取。所以,想要进入大学的孩子从中学时代,就必须参加社会活动,必须发展自己的业余爱好。

托马斯先生的孩子从小就学小提琴,上了中学后,再也不愿意练习。托马斯先生和他讲道理:"如果你不能进入学校的乐团,参加演出,拿到乐团老师的证明,你申请大学的时候要怎么办呢?"

"可是练习小提琴又有什么意义?我又不能当音乐家。就为了申请大学吗?何况,申请大学又有什么意义?我为什么要费那么多精力?上不上大学有什么不一样?我觉得在对面的便利店里打工更适合我。即使没有工作也没关系,饿死和老死有什么不一样?"

托马斯先生慌了,他没想到儿子竟然比他还消极,现在,他完全不知道怎么办,他只好不断地和学校的老师联系,请专业教育工作者帮他劝劝自己的孩子……

有些人是天生的悲观主义者,不论做什么事,他们都只会看到悲观的一面。即使获得成功,那也只不过是更大失败的预兆,他们很难露出笑脸。

悲观倘若只是一种情绪,至少这个人会按照正常人的生活轨迹去努力,去做事,虽然他会缺失很多乐趣,但不会对自己造成灾难性后果。但是,有些过于悲观的人,因为看不到希望,完全放弃了生活,开始自暴自弃,这就大大影响了他们的人生进程。

悲观的人应该试着看到生活的另一面,为什么别人能够笑得那样开心,而你不可以?你的生活明明比他们更理想。从心理层面寻找悲观的原因,你会发现原因不外乎以下几点。

目标太高

有些人对自己有太多的期望,他们希望用自己的力量改变生活,希望用自己的行为影响他人,现实却是他们的能力只够维持一份普通的生活,他们的行为换不来人们的赞许和追捧。理想和现实的落差让他们伤感,这种伤感很快就变成了对自我的质疑,对生活的否定,于是,他们开始把"生活就是这样的"、"不管怎么努力结果都一样"挂在嘴边。

这样的人最需要做的就是重新定位自己,不要总是好高骛远,盯着天边的云彩,还不如看看脚下的土地上长了什么。选择那些适合自己的目标,并逐一实现,就会对自己的能力越来越有信心。随着成绩的增多,人们赞许的目光也会投过来,谁说他们不是能改变生活的人? 只要乐观地面对一切,未来,还是未知数。

困难太多

不得不承认,有些人的运气比较好,不论生活还是事业,相对顺利容易。而有些人比较倒霉,总是遇到重重阻力,想做的事总会阴差阳错地错过,这种事遇得多了,只能感叹"我怎么总是这么倒霉"。这种时候指望别人的帮助、指望时来运转都不切实际,只能靠着毅力和努力一步步撑过去。但又有多少人有这种坚如磐石的意志? 所以,多数人都在这个时候产生悲观情绪,当了落跑者。

缺少目标

有些人因目标太多而悲观,有些人悲观,却是因为找不到目标。他们对什么都不感兴趣,什么都可以尝试,也可以什么都不尝试,"无所谓"是他们的口头禅。他们的资历条件并不差,也许就是因为轻易就能生存下去,他们对什么事都提不起精神,认为做什么都没有多大意义,他们笃定地认为"人活着就是为了死""反正都会死,那么努力有什么用",如果你反问:"既然如此,你为什么不去死? "他们会说:"无所谓,但死又有什么意思? "——跟他们交流,你会无言以对。

这样的人需要挑战也需要磨难,不妨主动给自己寻找艰难的体验,主动去做那些难度大的事。在生存与考验的刺激下,会让人重新思考。也许会让他们对生命有一个全新的认识,找到自己的目标。至少,那些高难度任务能让他们全心全意投入。在切实的奋斗中,悲观即使存在,也会被追求所压制。

巨大的打击

有些人天性乐观,整天笑呵呵,突然有一天,笑容从他们脸上消失,一向幽默的他们从此只说"人生不过如此",你大吃一惊,偷偷打听发生了什么。毫无意外,他们遭到了重大打击,父母离世、爱人背叛、梦想破灭……这些打击完全碾碎了他们对生活的美丽憧憬,让他们一蹶不振,再也不能笑着面对他人。

他人的安慰、鼓励,对他们来说毫无诱惑力,身心的巨大损伤只有自己最清楚。所以,想站起来只能靠自己。人生漫长,每个人都会遇到这样的打击,而且不止一次。人生必经的过程,谁也不能逃脱,只能告诉自己未来还长,生活还要继续,站起来向前走。要相信人生有低谷就会有高潮,每一次打击,都是成长,都是成熟。

悲观的时候,要主动寻找生活的另一面,寻找改变现状的方法。思考与行动,再加上对未来的信心,能够让你从任何悲伤的境遇中站起来,再次出发。你笑着面对生活,生活就会笑着面对你,当你愿意摆脱悲观,向着美好的未来努力,美好的未来,也愿意在不远的地方等待你。

第五章

找到属于自己的生活公式
——如何控制情绪

　　情绪是内心情感的直接反映,我们心底的喜悦、悲伤、惊惶、忐忑、憎恨、失落,不断交织,反复出现,使情绪成为一种能够左右身心的强大力量。正面情绪为我们的生活带来亮色和积极的状态,负面情绪则有强大的破坏力。

　　强大的心灵需要及时排除毒素,保持各种情绪的平衡。我们需要从生活的各个方面加以注意和安排,将情绪引导到最佳状态,而不是被它控制,受它支配。

管得住情绪，扛得住压力

> 每一次克制自己，就意味着比以前更强大。
>
> ——高尔基

华伦先生是一位杂技演员，他的绝技是走钢丝，每当观众看到他在又高又细的钢丝上如履平地，都会报以最热烈的掌声。华伦先生一直是杂技团的骄傲，是全镇人的骄傲，当听说他被一家全国型的马戏团录用，大家都为他高兴。华伦先生去了首都，在那里，他将参加杂技团的训练，并参加全国巡回演出。

一开始，一切事情都很顺利。华伦先生高超的技术获得了杂技团上上下下的一致认可，连比他有资历的演员都夸他前途无量。他的前几次演出大获成功，知道他的人越来越多，就连报纸上也登了他的照片和充满赞美的评论，华伦先生觉得他正走在一条康庄大道上。

但没过多久，华伦先生就遭遇了职业危机。他发现首都的生活处处都有压力：杂技团竞争激烈，不少人的眼睛都盯着他，希望他出丑；杂技团老板对他的要求越来越苛刻，总是督促他尝试更高难度的钢丝；观众们的口味也比镇上刁钻很多，没有创新就会遭到他们的嘲笑……从前，每次演出前，华伦先生自信满满；如今，他战战兢兢，甚至担心自己会从钢丝上摔下去。他甚至觉得自己离那一天不远了。

他开始抽烟喝酒，以缓解郁闷；他对练习不再热切，对同事有点回避；他最怕老板找他谈话；他不敢看报纸，怕上面有他的负面消息；他怕登台，他觉得这一次一定会失手……一年后,他被解聘,带着行李包回到了出生的小镇,他说他不想再做钢丝演员,他要找一个安稳的工作,忘掉过去那些"可怕"的回忆……

从一颗冉冉升起的杂技新星到无所作为的普通男人,华伦先生的经历很有戏剧性,显然,这是一个悲剧。华伦先生是个失败者,打败他的正是他自己,他输给了四面八方的压力。人的压力来自外界,也来自内心,情绪才是压垮自己的直接原因。

20 世纪 60 年代末,一位叫作普拉切克的美国心理学家提出了八种基本情绪理论:悲痛、恐惧、惊奇、接受、狂喜、狂怒、警惕、憎恨。这些情绪代表了我们对外界的基本感情,也占据了心灵的大部分空间,我们有时被喜悦的情绪占据,有时被忧伤的情绪折磨,显然,负面情绪比正面情绪的种类多,我们常说:"心情不好",就是因为被"不好"的情绪纠缠着,而好的情绪,对我们总是不太积极,我们对它,也不太了解。

于是,"情绪"这个词,负面意义渐渐大过正面意义,"有情绪"、"闹情绪"这些有特指的词语组合,选的也都是负面意义,它由中性变为负性,渐渐成了我们生活中的公敌,它给我们带来了太多的负面影响:让我们心情起伏不定、做事效率受影响、判断力和注意力减弱、对快乐事物的感知能力降低、不时引发几场"心灵危机"。

情绪引发的心灵危机,不只是干扰生活这么简单,有时候是致命的。心理学上很多症状,最初都来自"情绪感冒",躁狂症最初不过是脾气烦躁为人易怒,任其发展却会成为控制不住的暴力倾向;抑郁症最初不过是最常见的心情低落,不加控制却会成为难以遏制的自杀倾向,偏偏情绪不是一个有实体的物件,可以锁进哪个盒子,想控制它谈何容易。

情绪是把双刃剑,在"杀伤"自己的同时,对他人的影响也不可小看,不但会对他人造成情感上的伤害，还会影响彼此的关系，如果成为你迁怒对象的恰恰是个小心眼的人，一时的情绪疏忽就会给你带来一个专门说坏话、使绊子的仇敌。

情绪对人最直接、也是最大的影响，就是在平日生活中，给心灵带来的巨大压力。这些压力无一例外是负面的：悲痛和恐惧导致悲观和无所作为；惊奇导致迷惑、不求上进；狂喜狂怒导致心绪起伏大，易出现闪失；警惕导致冷漠和与他人的疏远；憎恨导致厌恶、嫉妒和心灵扭曲，负面情绪无法对抗心灵压力，它们只会使压力的分量加重，范围蔓延。

不要说："有情绪是正常的事，谁没点情绪呢。"这种轻飘飘的话的确可以骗过很多人，这些人没想过正是多种情绪综合在一起，才造成了自己的愁眉苦脸、死气沉沉，一种情绪的发生、发展都是悄无声息的，如果你不能及时察觉，任由它扩大，它会给你带来沉重的打击和巨大的损失。"千里长堤，溃于蚁穴"，在心灵上，这句话也同样适用。

何况，人们总在提倡"减压"，提倡"心灵零负担"，减掉的这一份压力，不只是外界的那些工作、人际、生活带来的烦恼，最重要的是心灵上的种种不良情绪，一个人只有管理好自己的情绪，才能保持内心平衡，有一颗稳定而坚实的心，再多的压力，也能够安全"着陆"，不致把心灵压垮。所以，管理情绪这门学问，你一定要好好学学！

情绪度，把握心理天平

> 能控制好自己情绪的人，比能拿下一座城池的将军更伟大。
>
> ——拿破仑

《塞翁失马》这个故事，可以从另一个角度解读。

塞翁丢失了一匹马，他很难过，但他不能因为一匹马太过悲伤，所以对自己说："说不定这是好事呢。"这是一种自我安慰。

没多久，马回来了，而且带回了另一匹马，所有人都羡慕塞翁的好运气。塞翁自己也很高兴，但他提醒自己千万不能得意忘形，高兴得过了头，于是说："说不定是坏事呢。"

塞翁的儿子骑着带回来的那匹马，把腿摔断了，塞翁伤心极了，但他不想被这种悲观情绪压倒，他也要安慰儿子，所以他说："说不定这是好事呢！"

不久，朝廷要打仗，所有壮年男子都要参军，塞翁的儿子因断腿不必去，躲过了残酷的战争。自古以来，人们都说塞翁是个知天命顺天命的聪明老人，其实，他何尝不是一个平衡情绪的高手？失落的时候想高兴的事，高兴的时候有忧患意识，所以，他的人生才能在起伏中呈现出平稳，他才拥有让人羡慕的心境。

在得意的时候让自己警醒，进而收敛情绪；在失意的时候给自己安慰，进而稳定心灵状态，这其中自然有看透人世起落的大智慧，也有面对风风雨雨的大定力。这就是塞翁给我们的"情绪启示"。相对于塞翁，我们不是情绪的主人，而是经常被它驾驭，由它控制。于是，我们经常要面对由自己一手造成的情绪灾难。

哀愁如果停留在"哀而不伤"的阶段，就是一种雅致的心境，承认不如意，以欣赏的眼光看待世情，却不沉湎其中。但是，如果哀愁过了头，天天哭时时叹气，不但伤身伤心，也让身边的人不知如何是好。

快乐是人人喜欢的，但快乐如果过了头，就会乐极生悲。每天都在乐呵呵的，对什么事都乐观，乐观到轻率，没有任何忧患意识，就不能深思熟虑，只靠着感性冲动做事，事情怎么能做得好？

愤怒是我们常常体会的，生活中有那么多让我们生气的人和事，圣人才能无动于衷。可是，如果愤怒得过了头，出口伤人，出手打人，会给人际关系带来多大的影响？会给他人带来多大的伤害？

……

我们只是普通人，没办法对情绪收放自如，看到高兴的事我们想笑，有了悲伤的事我们要哭，工作压力重了我们需要发泄，生活琐事多了我们难免抱怨，与人产生摩擦我们会生气，谁也没办法做到"岿然不动"，人，是名副其实的情绪动物。但是，情绪应该有一个度，一旦过度，就是情绪灾难：心灵压力过大、人际关系失和、工作效率低下……

想要控制情绪，就必须知道，那些真正影响我们的情绪，最初也只是一些小小的念头，就像不起眼的火苗，是因为我们没有及时把它掐灭，才会蔓延成大火。我们必须学会管理情绪，将它们控制在某一个"度量"中，它们可以存在，但不要过度。也就是说，人的心里，应该有一架天平，时常平衡各种情绪，不要让它们太过倾斜，以致完全失衡。那么，普通人如何架好这架天平，如何保持它的平衡？

要对生活、对自己有个明确的认识。

生活是庞大而复杂的,每个人都在自己的位置上面对它、习惯它、改变它。狂妄的人会受到它的打压,努力的人会收到它的祝福。人们应该知道自己的现状,明白内心不如意的来源,有多少是因为要求太多? 调整贪婪与自负的心态,承认自己和生活的不完美,才能发现自己的缺点加以弥补,才能发掘生活的亮点予以发挥。

要始终遵循稳定原则

情绪有高低之别。有时候我们的情绪特别高亢,特别是听到喜讯和勃然大怒的时候,情绪都达到了某个顶点。这时我们必须学会收敛,拉低情绪值,把得意变成谦虚,把愤怒变成谦和;有时候我们的情绪开始低落,消沉得一发不可收,这时候就要打起精神,提高士气,把情绪"拉"上来。稳定,是最好的情绪状态,我们都应该学会"多退少补"。

多发掘生活积极的一面

心理状态决定了很多东西,积极乐观的心态,能够容忍、承载的东西必然更多。乐观的人懂得开解自己,不易被负面情绪纠缠,所以,如果我们都能多多挖掘生活中那些积极的因素,我们就能够在这些点滴中看到希望和未来,自然就会有一种向上的念头。当我们把精力用在正确的方面,也就不会有时间去留意那些不快。

心理天平需要我们仔细维护,当生活不断为我们添加负面情绪的砝码时,我们一定要多添正面砝码,维持它的平衡。在平衡的心态下,我们才能以安稳的目光看待一切,以平和的态度对待一切,才能把自己的情绪管理得井井有条,从容地过好每一天。

工作也能成为一件快乐事

> 一个有真正大才能的人会在工作过程中感到最高度的快乐。
>
> ——歌德

几个老同学聚会，寒暄过后，开始边喝酒边抱怨自己的工作。他们有的做销售员，天南海北地出差，坐火车都要想着如何与客户谈判；有的当老师，谈到现在初中生的早熟和难缠，激动得差点摔掉酒杯。最后他们当中一个人说："你最好了，上学的时候就整天说要当空中小姐，现在你天天在天上飞，是不是特别开心？"

当空中小姐的女同学一杯杯喝着酒，开始对他们说起空乘人员的辛酸，看来，爱好变成工作，梦想变为现实，也并不是那么美好。最后他们无一例外地怀念起学生时代，一同感叹："那个时候多好，天天都很快乐！工作后，哪还有那种心情！"

这样的聚会，这样的情形，想必每个人都不陌生，抱怨自己的工作已经成了人们的一种习惯。有多少人喜欢自己的工作？十个人里面，恐怕有一半以上给出否定的答案。

工作的机械性让人觉得沉闷。大多数工作没有多少挑战性，只是每天按部就班地做着同一件事，日复一日，人们觉得自己不是为了什么在做这件事，而是强迫自己在做，必须做，这多少有点强迫症倾向。也说明工作已经变成了一种不那么让人喜欢的习惯。人们根本无法从中发现乐趣，只有无止境的单调和乏味。

工作上的琐事也让人情绪低落，日复一日的重复，让人常常思考人生到底为了什么，他们机械而麻木地做着上司交代的任务，心里想着月底的工资和奖金，一天天、一月月就这样过去，未来在哪里呢？为什么自己只能看到鸡毛蒜皮和钩心斗角？

工作伴随着诸多压力。人们都希望升职，都渴望有更大的发展空间，竞争带来了人际关系的紧张，带来了人们必须想工作之外的一切事，带来了表现欲和越来越多的加班……这些事无一不给人以压力，加在一起，压力更为沉重。再想想自己的生活，家庭的未来，压力又增加一倍。于是，工作让人劳累，让人身心俱疲。

老总给人事部的周经理下达了一个指示：让员工充满干劲地工作。周经理明白，这家公司的员工大多是有七八年工龄的老员工，他们已经到了事业的倦怠期：升职指望不大，每年加薪一次，每天的工作内容一样，朝九晚五，没有一点波澜。老总希望员工们充满干劲，这让周经理为难：这怎么可能？不过，周经理却是个充满干劲的人，他想到了一个好办法。

周经理让所有员工参加了一个叫作"观察新人"的活动，要求老员工重新看看新人是以怎样的热情投入到工作中，如何学习，如何锻炼，老员工们起初认为周经理没事找事，后来他们发现，观察新人的确让他们收获颇丰。

新人对工作充满热情，对未来充满期待，他们总是想要表现自己，想要学习更多的东西，即使犯错也不会垂头丧气。老员工们突然发现，他们的区别并不是年龄，也并不是"新人犯错有机会重来"，而是对工作的心态。他们发现如果自己也愿意以新人的态度对待工作，这份工作就出现了无限可能，加薪升职，甚至以后开一个自己的公司，只要用心，真的有那么难吗？周经理组织的这项活动，并没有让所有人都有感触，但有一部分老员工，的确在这次活动中再一次重拾锐气，工作面貌焕然一新。老总对这个结果表示满意。

想要快乐地工作，就要有对工作的热情，热情来自哪里？来自认同，来自对未来的愿望，来自对成功的渴求。这些东西总是出现在新人身上，而那些工作多年的人，却早就把这热情消耗殆尽。但，工作是我们生命的重心之一，如果只把它当作一个谋生工具、一个负担、一个机械运动，我们的生活质量可想而知。

我们需要重新认识到工作的重要性。工作是我们自己选定的未来，我们注定要在这一行业奋斗下去。计较那些错失的选择已经没有意义，除非你愿意改弦更张，重新开始。要相信任何工作都能带来成功，想要好的物质条件，任何工作都会给你一道晋升的阶梯；想要功成名就，任何职业都潜藏着无数的机遇，等待你去挖掘。

就算工作真的与自己的事业无关，恪守本职仍然是一个人的重要品性，认真地对待工作，代表着一个人的生活态度。一个凡事认真的人，可能比别人更累，但人们对他的评价总会高于其他人，给他的机会总会多于其他人，因为他的态度让人信赖。

还有，我们必须认识到，能力比金钱重要。没有人在一开始就认定"工作是为了混口饭"，所有人在一开始都承认"工作是为了更好地发展"，后来，由于不思进取、由于劳累、由于各种生活原因，大部分人都在混饭，只有少部分人还在发展。你对工作为什么不能抱有一个有始有终的态度？不要细说家庭负担多重，失业率多高，家庭负担重，更应该磨练能力寻找更大的机会；失业率高，那些真正有能力的人从没有失业烦恼。与其给自己找借口，不如重新认识工作，重新找到工作的意义。

工作并不是不能给人带来快乐，当你运用自己的头脑漂亮地解开一道难题，当你运用自己的口才成功地说服一名客户，当你升了一次职、加了一次薪，当你的能力被认可，其他公司高薪来挖你，你难道不觉得精神振奋，神采奕奕？为什么不把这种振奋持续下去，让自己始终在追求的快乐中工作？你的心态决定你的生存状态，只要你愿意，再烦闷的工作也能成为一件快乐事，而事业上的成功，也悄然在未来等你。

引导情绪，给心情一个出口

> 我们醒来的每一天都是一个新的开始，又一个机遇。为什么要把时间浪费在自怜、懒散、自私上呢？
>
> ——卡西·拜特

　　一位叫费迪南德·冯·席拉赫的德国律师曾写过自己经手的一个案子，讲述了一个"情绪悲剧"。一位叫费内尔的医生娶到了年轻漂亮的老婆，沉浸在幸福之中，没想到这幸福在蜜月时就戛然而止，费内尔医生发现，他娶到的不是一个温柔可人的女子，而是一个外表漂亮性感，内心充满强制欲的泼妇。

　　婚后生活让费内尔医生痛苦不已，妻子对他的一切行动都看不顺眼，要求他改变拿刀叉的姿势，要求他按照她规定的时间下班，责备他下楼的时候不带垃圾……都是一些生活上的小事，这位夫人却会用恶毒的话咒骂丈夫。费内尔爱着妻子，也愿意体谅妻子，每次都默默地忍受，但换来的不是妻子的感动，而是变本加厉的撒泼。

　　这样的日子过了几十年，费内尔医生一直忍受着，直到有一天，当妻子再一次因为丈夫忘记关窗户而破口大骂时，费内尔医生平静地将妻子叫进地窖，拿起一把斧子向她砍去，积聚了几十年的愤怒，让他砍了十几斧子，将她肢解。费内尔医生对法官说，他仍然爱他的妻子，但他杀了她。法官和陪审员对费内尔医生表现出极大的同情，他们知道，如果不是把怨怼的情绪压制了几十年之久，惨剧根本不会发生……

你有没有被某种情绪压垮的经历？你所有的心情像是放在一个罐子里，不断被积压，马上就要爆炸。如果此时有人再添加一丁点压力，你的理智就会不复存在。就像故事中的费内尔医生，他忍受了妻子几十年，从不抱怨，但忍受并不是接受，他爆发出的情绪是毁灭性的，毁了妻子也毁了自己。

费内尔医生的妻子呢？她虽然是受害者，但这幕惨剧，她却要负大部分责任。她每天都在对丈夫发泄自己的不满情绪，而且越来越极端，她把丈夫的宽容当作懦弱，丝毫不考虑对方的感受。她把自己的情绪倾倒一空，满了再倒，没想过丈夫的接受程度也有限量。

由此可见，人的情绪有两个支点，一个在我们自己心里，一个在外界。如果情绪一直在内心蕴积，会酿成危害；如果情绪以不当方式向外界输送，也有可能造成危害。所以，我们每个人都必须学着引导情绪，让它既可以在内心沉淀，又能够向外界发泄，进而达到内外平衡、自我与他人的平衡。

情绪不能憋，必须有恰当的出口。不论心中有什么样的情绪，特别是负面情绪，一定要及时发泄出来。和朋友说说，大量运动"排泄"一下，哪怕大哭一场，也好过"忍到内伤"。

情绪不应该像山洪暴发。因为情绪的力量是可怕的，例如人在愤怒时，容易出口伤人，平静后自己都不记得说过什么话，而那些伤害却已经刻在了别人心上，根本无法抹去。巨大情绪的力量对自己的影响更不容小觑。长久的悲观，长久的失意，长久的忌妒，长久的恨意，都能扭曲人的心性，甚至可能让人做出令自己后悔的事。所以，情绪一定要及时发泄，而不是一直忍、一直憋。

情绪不应该统统交给外界去消化。把情绪强加在他人身上，又叫"迁怒"，是人们在日常生活中经常犯的错误。而且，这是一种负面情绪的传递。A 被老板数落了，回头骂了手下 B 一通消气；B 气不打一处来，只好找同事 C 的麻烦，说 C

的失误让他被 B 骂；C 的性格软弱，不敢争辩，却一天都不高兴，还砸坏了自己的杯子；来收拾垃圾的 D 被碎玻璃刺到手，忍气吞声地回家和自己的老公吵架；老公大发脾气，顺手把自家孩子打了一顿；孩子不能反抗父母，出门找瘦小的同学打了一架……这种"负面情绪链"捆绑着我们的生活，我们总是无意中做了它的一端，或一段。

当心中产生某种情绪时，可以通过"抵消法"来进行排解。什么是"抵消法"？就是在发生不好的事情时，想到自己的幸运，这样一来，心灵就能很快获得平衡。这种方法应用范围非常广泛：当你与人生气时，想想他对你的帮助，伤人的话自然变成了平和的劝诫；当你遭遇败北时，想想自己取得过的成就，就能重新认可自己，获得信心；当你没买到商务舱机票时，可以安慰自己说"这次我可以享受坐一等舱的滋味"，等等。

"抵消法"的确有点"阿 Q"成分，但是，谁的人生都不是永远的无限风光，谁都会遇到糗事、遇到烂事、遇到倒霉事，做几次阿 Q 又有什么关系？最重要的是把这种情绪排遣了，维持了心灵的平衡和平静。

学会引导情绪，就是学会把握自己。当你对这些技巧越来越纯熟，你的自控力就会越来越强，你会发现你具备了越来越多的优点：临危不乱、与人为善、宰相肚里能撑船、笑口常开……我们都渴望"面朝大海，春暖花开"，那就要先拆掉情绪的藩篱，给心灵找一个出口，外面的春光明媚，远远好过内心的阵雨阴霾。

积累心灵能量，战胜情绪

一场战争结束了，一位退役的士兵回到家乡，他失去了一条腿，只能拄着拐杖。比断腿更让人担心的是他的心理状况。残酷的战争中，他经历的磨难，夜夜化为噩梦继续折磨他，他有时会在敌人的瞪视中呻吟，有时会在战友的哀嚎中惊醒，他的情绪越来越糟，经常无缘无故地大发脾气，随手抓起床头的东西砸到墙上，然后在一片狼藉中流下眼泪。

家人不知该如何帮助他，他们请来医生，医生只能诊治他的断腿；他们请来神父，神父的说教和祈祷只会让他发呆。最后，他们的邻居，经营面包店的约翰先生说："让他来我店里帮忙吧，我需要一个帮手，他也需要一份工作，也许工作能让他忘记不快。"约翰先生已经七十岁了，他看着他长大，希望帮他一把。

工作并没有这么神奇的效力，他每天在约翰先生的店里揉面团，淋糖浆，盯烤箱的火候，他的个性认真，对工作很负责任。但回到家后，他还是会暴躁地摔东西。约翰先生说："没关系，他总需要一段时间适应，才能体会到当一个面包师的快乐。"

这一天很平常，他将烤好的面包端上柜台，看到店外已经有客人在排队，一个小男孩首先冲了进来，看着他说："我要一个巧克力面包！早晨吃你烤的巧克力面包是一件最棒的事！"看着小男孩的笑脸，他若有所思。

他开始思考着在面包里放进蓝莓果酱；开始思考将面包做成扭曲的形状，撒上椰蓉；他想到有培根的热三明治也许最适合往来的司机。约翰先生支持他的想法，每当他试验的新品大受欢迎，他都感觉到一种被需要被肯定的快乐。即使偶尔做出的东西难吃，他也不会失去信心，而是一再改良。

几年后，约翰先生的面包店成了附近最有名的面包店，每天都有客人蜂拥而至，他也终于恢复了从前的活泼，尽管他只能拄着拐杖在厨房和柜台忙碌，但他依然认为生活是如此充实和美好。他已经很久不曾扔东西，也不再做噩梦。最近，他正准备和一个漂亮姑娘结婚。

负面情绪对一个人有巨大的杀伤力，甚至可以摧毁人的生活。当心灵完全被负面情绪占据，世界就成了一个恐怖的战场：所有人都对自己有敌意，所有愿望都会破灭，所有事都会失败，所有心血都会付之东流……在这样的情绪下生活，人必然会变得暴躁，变得了无生趣，必须及时战胜自我，重新开始经营自己的生活。

战胜自我，最重要的就是要战胜自己的情绪。一个人会变得情绪化，是因为他完全依从着自己的情绪在生活，快乐的时候，他充满活力，愿意做很多事，与人为善；情绪低落的时候，他懒得去做任何事，甚至放任事情变糟。他也不在乎与人争吵，不会维护任何东西。情绪是他的生活重心，他每一天都希望有一个好情绪，但众所周知，这样的人很难有长久的好情绪，多数时候他们易怒而脆弱。

想要改变这种生活，就要用更充实的东西替换掉生活的重心。"生活重心"，这个看上去很严肃的词语，是我们每个人都会面对的，它的内容往往很平常，有些人以家庭为重，有些人以事业为重，有些人以自我为重，只要这个重心实实在在又有意义，就能成为生活的稳定的底座，即使人们产生情绪波动，也会因为这个重心的存在而按捺住自己。

不要把情绪当作你的生活指向仪,换成一些实实在在的东西吧:例如工作,例如学习,例如思考,例如对感情的追求,当你把眼光投向外面的世界,就会发现可以做的事,没有做的事那么多,不应该在原地浪费精神和时间。在你努力的时候,你也在累积心灵的能量,形成一种稳定的情绪状态,变得越来越善于控制自己的情绪。

那么,心灵能量和情绪究竟有什么样的关系? 可以说,心灵能量与情绪之间有一种转化关系,每一种情绪都可以经过加工,或者不经加工直接转化为心灵能量。只是,有些负面能量如果不加以引导、限制,会沉淀为负面的心灵能量,对心灵造成损害。

需要注意的一点是,不要害怕负面情绪,没有一颗心里面没有任何负面能量,每个人都有自己的阴暗面,不必为此自责或担惊受怕,只要把它们控制在一定范围内,它们就不能危害你、危害他人。

而且,负面能量可以转化为正面能量,我们常说的"化悲愤为力量"就是最好的例子,当某一种情绪压制自己,影响未来与生活时,要及时将它转化:对自我悲观,就要努力寻找自我价值;对爱情失望,就要汲取失败经验,找一个更适合的人;对生活迷茫,可以把迷茫情绪转化为一种稳定的、无畏的心理状态——反正已经迷茫了,索性去试试那些从来没有做过的事,不必在乎结果。心灵能量就靠你对情绪的克制与引导,逐渐积累。

生活与心灵有密切的关系,一个心灵强大的人,可以应对生活的种种磨难与打击,他们能够成为生活的主人,靠的就是对情绪的主动权。当一种情绪产生之时,警惕它、克制它、引导它,而不是被它拿捏、被它驱策,这样的人才有可能将所有来自外界的能量成功转化、储备。不要害怕任何一种突来的情绪,要相信自己有驯服它的能力。只要你心宽似海,所有情绪,不过是一道小河流,流入宽阔的海中,它们无法干扰大海的平静和澎湃,只会增加海的博大气魄。

越有本事的人越没脾气

> 凡是有良好教养的人有一禁诫:勿发脾气。
>
> ——爱默生

膝先生是一家公司的老总,他看上去比同年龄的老人年轻一些,脸上总是带着和蔼的笑容,下属即使犯了什么错误,他也总是和气地帮对方分析问题,微笑着说:"下次不要再出错了。"下属受到鼓励,更加努力,公司的业绩越来越好。员工们都说老板头脑好性格好又大方,只有那些一直为公司服务的老员工才知道,膝先生以前是一位多么暴躁的上司。

二十几年前,膝先生是个事事苛刻的人,下属们经常因为小事被他责骂,就连他的家人都是他情绪的"炮灰",经常被牵连。直到有一天,妻子提出离婚,带着孩子和别人另组家庭,他突然像变了个人似的。对待下属,他和颜悦色,很少说重话;对待客户,他有十足的耐心,总是设身处地考虑对方的需要;对自己的父母,他也一改过去"召之即来挥之即去"的态度,嘘寒问暖。

膝先生说:"离婚的时候,我和前妻有过一次长谈,她说她之所以这么做,是因为再也忍受不了我的脾气,她说,'你的压力大,别人愿意体谅你,但不能因为你的压力大,就要求别人无限制地体谅你,因为别人也有压力,也有不开心,也希望得到体谅,而不是责备和谩骂。'从那以后,我不再那么自我。没想到,当我改掉这些毛病后,我的下属越来越忠心,我的客户都成了回头客,我公司越来越大,我父母的身体也越来越好。"

不止一个人、不止一件事向我们证明这样一个道理：好情绪能够带来好生活。因为好的情绪能使精神面貌为之一新，使人们愿意以更大的耐心面对生活，自然减少了摩擦、争执、抱怨，营建出好的环境，而在平和的环境下，事情会进展得格外顺利。好情绪把人带进一个正向循环，每个人都希望生活在这样一种循环中。

调整情绪并非一件难事，只要把心灵空间拓开些，把脾气开关拧得小一些，把自己放得低一些，不必要的麻烦就如清风过眼，留不下任何痕迹。与其为生活烦恼，为他人闹情绪，不如现在就调整自我，你会发现你越没脾气，就越有效率，越有手段，越有激情，脾气和你的成就成反比！那么，如何调整？在这里总结几点经验。

找别人的毛病不如找自己的毛病

很少有一个错误只有一个执行人，有时候，别人的错误未必没有你的参与。看到不好的结果就生气，会让人觉得你是个只会要求别人无法要求自己的人；就算对方真错了，生气也并不是最好的办法，不了解情况就大发雷霆更会让那个想要认错的人觉得你不近人情。

生气之前先找找自己的毛病，怒火就会被浇熄至少一半。与人有摩擦，除了对方的不近人情外，自己是否有什么不尊重对方的举动？被别人责骂，不要急着愤愤不平，想想人家说的究竟有没有道理；做事一败涂地，别急着怪罪合作者乱出主意，想想这个主意就算滥，也是由你执行的……我们做事是为了自己的进步，而不是为了指责别人的过失。

生别人的气不是聪明人做的事

有句名言说，生气是拿别人的错误惩罚自己。聪明人应该知道，不是所有人都能做好他分内的事，不是所有人都有负责任的品格，不是所有人都有一流的能力，犯错误是难以避免的事。被别人的错误波及，的确倒霉，但不能妥善解决这个问题则会让人更倒霉。

被别人的错误波及、伤害,第一个感觉是愤怒,甚至产生破口大骂的冲动。但骂对方一顿显然只能让你稍缓情绪,除此之外于事无补。如果对方小心眼,还可能因为这一顿骂对你怀恨在心。所以,不如赶快安慰自己一下,对对方表示宽容,共同解决问题。如果对方能认识到错误,今后会是你良好的合作对象,还对你心存感激;如果对方根本认识不到自己带来多大的麻烦,还对你振振有词,那么你就当上了一堂课,认清了一个人,今后一定要尽可能少和对方接触,或防范相同的错误发生。总之,做什么都好,就是不要生气。

情绪会积压是因为心胸不够开阔

有些人脾气好,从不和人发火,但这种"好"并不是真的,他们只是为了保持与他人的良好关系,把火气强压下来,这些情绪一再积压,总有一天会达到临界点,那时候,他不是冲着别人大吼大叫,把以前的"账"一一清算,就是自己和自己过不去,把自己的家砸得一团糟。他们承认,早知如此,当初还不如发发小脾气,至少不会造成如此严重的后果。

那些真正脾气好的人不会如此,他们早在事情发生时就已经开解过自己的情绪。

时间和精力应该放在正事上,而不是发脾气

有本事的人为什么有本事?就是因为他们把全副精力放在事业上,而不是情绪上。他们是员工,不会为老板的"不公正待遇"抱怨怠工;他们是老板,也不会为员工的频频出错而勃然大怒。他们第一时间想到的永远是如何改进,如何成功。因为想得到最好的结果,他们要做的是追求、是努力,而不是迁怒、抱怨、停滞。

我们向往成功,我们希望挖掘自己的潜质,我们期待着未来,那就要把追求"有本事"作为目标,而不是"有脾气"。脾气太足的人,麻烦多招人怨恨;脾气平和的人,麻烦少做事顺当。所以,不要对你周边的人施加压力,尽量克制自己,与他们和平共处。要相信,越是有本事的人,越没有脾气。

生活是面镜子,无须横眉冷对

> 假如生活欺骗了你,不要悲伤,不要心急! 忧郁的日子里需要镇静;相信吧,快乐的日子将会来临。
>
> ——普希金

在西班牙马德里,一个老街头画家正在给一个外国游客画素描。画家的速度很快,没多久,游客就拿到了一张传神的画像,令游客奇怪的是,这张画上自己的表情是微笑着的,但她在整个作画过程中,为了突出自己的"端庄",故意板着脸。后来她才知道,这个街头画家有个特点:只画笑脸。即使愁眉苦脸的人坐在那里,他也会画出一张笑脸给对方。

老画家说,他这个"毛病"是近几年才养成的。他说自己玩艺术玩了一辈子,穷困潦倒,从前天天跟画商打交道,总是怨天尤人,突然有一天,他想开了,不再想着留名美术史,而是在街头摆了个小画摊糊口。刚开始的时候,他的画中规中矩,后来,他希望那些面露愁容的客人,能看看自己微笑的样子,有一份好心情。"只画笑脸"也成了他的招牌。

在同一条街上,还有另一位很有特色的画家,他的经历几乎与老画家一样,不过,他不画笑脸,而是故意夸大人的表情。比如一个板着脸的客人,会被他画成棺材板一样的平板脸;一个眉眼尖酸的客人,会被他画成锥子脸和尖锐的眉眼⋯⋯一开始,这种画法让客人很不满,但他的画像越来越受欢迎,来画像的人都说,想要看看自己最真实的一面⋯⋯

每天,我们都要照镜子,或者根据镜子调整自己的表情,戴上亲善的面具再走出家门;或者根本不留意自己眉目间蕴含的某种情绪,只看一眼脸部是否干净整洁,我们很少研究自己的表情,所以,如果我们若能遇到这样两位画家,一个用夸张的线条扭曲我们的脸,一个画出我们自己早已忘记的坦然单纯的笑脸,我们自己恐怕也会觉得陌生。

我们的脸上经常出现什么表情?一部分人会说:"我经常笑。"是的,很多人每天的时间分为两大块,一块在睡觉一块在工作,职场之上,对老板、对客户、对同事,谁能不笑?人们要靠笑容来维持一种和谐的人际关系。但看看你身边那些对你微笑的人吧,你能清楚地分辨谁在敷衍、谁在笑里藏刀、谁在客套,同样地,别人也对你的笑脸含义心知肚明。

何况,当你笑的时候,恐怕仅仅是嘴角上扬,或者露出牙齿,你注意过你的眉头吗?注意过你的眼神吗?注意过你的面部肌肉吗?这些部位更能真实地反映你的心情。事实上,多数人每天最常摆出的表情,是烦躁,是无奈,是忧愁。这些情绪没有直接表现出来,甚至本人都没察觉,但却造成了"横眉冷对"的视觉效果。以下三条标准,可以让你检验自己是不是这样的人,有没有这样的表情。

看不惯的事多

这类人什么都看不惯,即使街头有只狗撒泡尿,他也会皱着眉说狗没素质。他们觉得世界上的事都不规矩,细说起来都很憋屈,没有什么事是顺利的、值得让人开心的。他们评论经济金融、科学技术、人文素养、环境卫生等多方面的东西,恨不得世界都按照自己的理念运转,可惜,世界不听他们的话,他们只能横眉冷对,表示自己的不妥协。

看不上的人多

这类人总是觉得人心叵测,没有人可以信任。他们对待别人,总是横挑鼻子竖挑眼,嫌这个尖酸,说那个冷淡,嘲笑下一个清高。对他们笑,他们觉得你虚伪;

对他们说实话,他们觉得你有目的;对他们客套,他们觉得你不实在……总之,在他们面前,做什么都是错的,他们全都"看不上"。他们的人缘不怎么样,却把原因归咎于世界上的人都不可信。他们经常拉着小自己很多的后辈诉苦,因为只有这些人才愿意听他们说几句。

开心的事几乎没有

这类人很少大笑,他们不理解什么是幽默,为什么要幽默。别人讲个笑话,他们还会严肃地提醒:"有那么好笑吗?"他们不认为生活中有什么值得开心的事,永远只看到悲观消极的一面,没有任何向阳性。当别人都在笑的时候,他们觉得别人在假笑。他们也很希望自己能够开心一些,但想来想去,生活永远如一团乱麻一样让人心烦,于是他们又恢复成死板的脸孔,并嘲笑那些快乐的人没有忧患意识。

这三条标准通俗易懂,想必你并不陌生。生活中有不少这样的人,自己也做过不少类似的事。当然,这种性格也有值得肯定的一面:这样的人不愿意向现实妥协,他们宁可横眉冷对,也不愿被生活打翻在地。所以,这样的人最大的问题,在于错看了生活,总是把生活当作自己的敌人,总想和它"一决雌雄"。

其实这是一种错觉,生活固然给了你困苦,但也给了你突破困境的双手;给了你失败,但也给了你通往成功的钥匙;给了你烦琐的日常生活,也给了你温馨的人际情感;给了你恼人的疾病,也给了你来之不易的生命……说到底,生活给你的东西并不少,只是你不愿承认。你越是挑剔生活,越会发现自己的不幸,越会难以露出笑脸。

不如把生活当一面镜子,轻松一些吧,不论表情还是心态,生活中没有那么多事,需要你横眉冷对。为什么一定要挑剔呢?如果你懂得感谢,你还会对一切都看不惯,冷着一张脸吗?你会对人对事保持一种达观的态度,生活给什么,就享受什么,即使在低谷期,也相信自己能够时来运转。

　　那么，应该如何找到这种轻松的感觉呢？想知道自己笑起来什么样子，最好的办法不是照镜子，而是翻开相簿，找找自己小时候的照片，那时候的笑才真能代表开心。想一想那个时候的你为什么开心，你是否觉得自己失落了什么？别那么失望，只要有心，开心的事会在我们的寻找下一次次出现，只要我们的心是简单的、宁静的，我们就能在交织的情绪中打开一扇小小的门，里边站着的，就是微笑的自己。

第六章

让阳光照耀心灵
——宁静之道

　　心灵是一块奇妙的土地,各种念头在此滋养,为我们的每一天提供能量。心灵上空如果始终阴雨连连,我们就会发霉;相反,阳光普照会给我们带来舒爽的安宁之感。

　　心灵的宁静并不是可望而不可即,不要因环境、因他人产生浮躁心理,淡定、知足、重视身心和谐,把心晒在阳光中,才能真正地发现自己,领悟生命。

心态安宁，神清气爽

> 心态若改变，态度跟着改变；态度改变，习惯跟着改变；习惯改变，性格跟着改变；性格改变，人生就跟着改变。
>
> ——马斯洛

阿菲是一所女子会馆的服务员，她负责前台的咨询工作，为来到这里的客人推荐适合她们的服务项目：美容、减肥、舞蹈等等。她说如今最受欢迎的项目是瑜伽，她也经常为不了解的客人推荐这种健身修心的运动。阿菲自己也做瑜伽，她说这令她受益匪浅。

瑜伽是由身体的动作和冥想两部分组成的，不但可以健身、塑身，还能让心灵为之一静，情绪得到舒缓，所以，越来越多的人开始尝试它。这也从侧面反映出，越来越多的人渴望摆脱生活的种种束缚，追求身心宁静。他们渴望始终走在宁静的阳光里，而不是在风雨中跋涉，没有片刻喘息，没有自我空间……

我们很少能在老人以外的人身上看到"安宁"，小孩子活蹦乱跳，成年人忙忙碌碌，大家都在为生命躁动，为生活奔波，没有清静的时候。他们也渴望"浮生偷得半日闲"，在闹市中悠然自得一番，可惜这是一个没有时间实现的梦想。如果人只有在步入老年，什么事都不能做的时候，才能够得到安宁，这样的人生是不是太无奈了？

有人把心理上的烦躁归结为忙碌生活所导致的抑郁,事情太多,静都静不下来,怎么能享受安宁?一通电话响了,另一通电话响了,接连不断的电话响了,这就是都市人的生活,为工作、为人际、为各种各样的事奔忙着,神经绷紧,日程表安排得满满的,连休息日都有安排,悠闲,宁静,在哪里能找到?

有人尝试在娱乐中让自己松一口气,可是,人潮拥挤的旅游景点,人声鼎沸的 KTV 包房,电影院总在播放充满商业气息的片子,就连朋友间的聚会,也经常沦为"烦心事交流会",想要松一口气,结果却是泄气。人们甚至觉得只有等到退休以后,才能万事全抛,过梦想中的悠闲生活,但退休之后难道就没有烦恼?疾病、儿女、养老,样样都可能让人操心。可见,安宁与年龄无关、与工作休息无关、与大部分事情都无关,安宁,说到底是一份心态。

有多少人关心自己的心态?答案是"很多",但有多少人能塑造自己的心态?答案是"极少",当人在寻找宁静的时候,总会发现他们刚找到一个尖角,就先被烦恼找到了。于是,在各种烦恼的纠缠之下,好不容易找到的宁静不翼而飞,人们陷入了生活的"汪洋大海",不得喘息,不得平静。

还有一个原因是,人们最希望塑造的心态是坚强,而不是宁静。面对生活,人们希望提高自己的应变能力、承受能力,而不是"逆来顺受"的能力。其实,心灵的安宁并不是逆来顺受,它有深厚的内涵,它能够反过来作用于很多东西。

心态安宁,才能带来生活中的安宁姿态。为什么我们总在为琐事伤神?为什么我们总为突来的意乱慌手慌脚?为什么我们即使取得成绩也觉得不满足?因为我们的心总被浮躁和欲望占据,我们的头脑里充斥着各种念头,关于未来我们的设想那么多,关于过去我们的悔恨也不少,关于现在更是一团乱麻无法理顺,我们怎么能平静?

越是难做的事往往越有价值,追求宁静也是如此。喧闹的都市和人群中,什么样的人能做到去留无意,悠然轻松？谁能让自己的心灵在漩涡之中保持一派清明？就是那些懂得修心的人,他们在平日就注意陶冶自己,才能让心越来越稳,让情绪越来越平。

他们讲话的时候很少大嚷。一个人的心灵状态如何,有很多外在表现,说话是最明显的一种。性子急的人说起话来像连珠炮,性子慢的人说起话来像温开水,善良的人说话总是肯定的,阴险的人说话总有太多的虚伪……心灵宁静的人说起话来不疾不徐,既有分量又有分寸,就像他们的表情始终是可亲的,气质始终是淡雅的。

他们喜欢阅读或音乐,或安静的活动。追求知识是他们的一大爱好,他们认为思想的深度与心灵的容纳度息息相关,一个有智慧的人必然不骄不躁。他们也会栽花、种草、品茶、临帖、对弈……这些爱好都能使人享受到清闲,让人的情绪得到松弛。

他们会刻意留出独处时间。一个人的时候最适合安静,散步或者坐卧,最舒服的姿势带来最惬意的体验。生活太拥挤,需要一个属于自我的小空间,享受孤独的沉思,享受与自己对话的乐趣。一个有独处习惯的人在任何时候都能静下来,因为平静已经成为他们的习惯。

"静"带来的好处不只是心平气和,还有处事的冷静。每临大事,人要有静气,才能更好地分析、解决问题。因为有"静"的能力,也就不必再为那么多琐事烦恼,不论遇到什么,先安静下来,以安宁的心态应对一切,你会觉得安静过后,心浮气躁消失,换来神清气爽,精神百倍。

刻意追求完美，会让你永无宁日

既然太阳上也有黑点，"人世间的事情"就更不可能没有缺陷。

——车尔尼雪夫斯基

"不到一年你就会明白，世界上没有任何一个最完美的广告方案。"

学广告设计的阿伦进入一家大公司，入职第一天，在同一所学校毕业，大他三岁的师兄阿兴这样对他说。阿伦不解地问："怎么会没有完美的方案？"说着列举了几个经典广告。阿兴摇摇头说："那只是人们看着完美，设计师本人可不这么认为。"

阿兴打开电脑中的一个标题为"车展"的文件夹，这是公司承办的一个全国性的大型车展，要有一整套的会场设计。阿伦发现，文件上面标着"定稿"、"定稿1"、"定稿2"……"最终定稿1"、"最终定稿2"……"终极倒计时定稿1"……"终极倒计时定稿51"等等标题。

阿兴说："这个终极倒计时定稿51就是今天交给客户的最终方案，如果时间够，还有52、53、54，我们没能做到十全十美，但客户很满意，他说咱们公司是他在所有合作公司中最满意的一家。跟你说这件事是为了告诉你，你要尽量把工作做好，可以要求这一次比上一次更好，但不要追求所谓的'极致'，否则你一定会累死！"

生活的压力要求我们完美，要求我们每个人都变成超人。随便看几个场合，你就知道"完美强迫症"已经深入到生活的各个角落,我们不断被人要求着完美,也这样要求着别人,于是,每个人都被拖进了追求完美的深渊里。

上司这样说下属:"我希望有这样的下属,他聪明有才干,又踏实认真,从不抱怨薪水,能够百分之百完成我交代的任务,加班也没有怨言,有源源不断的创意满足我的需求。"

下属这样说上司:"我希望有这样的老板,他慷慨而有人情味,从不会给我额外的加班任务,会主动涨我的工资,每次都给我最适合我做的工作。"

正要去相亲的男人这样说:"我希望遇到这样一个女人,她可以不漂亮但要有气质,可以学历一般但要有智慧,她没有失掉女人天性中的娇柔又懂得涵养和分寸,她聪明而有工作能力可以支撑家庭,又能够把家里的一切打理得井井有条……"

正要去相亲的女人这样说:"我希望遇到这样一个男人,他个性认真又有生活情趣,他懂得持家对我却大方,他最好有房有自己的事业但重视我多过一切,他孝顺父母又爱护我,他有男人气概又不大男子主义……"

儿女背后这样说:"唉,工作真累,真希望我也有个爸爸或妈妈,家里开着公司,这样我也能从小受到最好的教育,10岁之前就能环游世界,不必应付高考,直接到外国读书,毕业后直接有一份高薪的工作。"

父母背后这样说:"唉,工作真累,辛辛苦苦一辈子还是没指望。真希望有个有出息的子女,能让我不用这么大年纪还在奔波,在他们身边,住着舒服的大房子,没事出去旅游,还能带我去国外见见世面,安享晚年。"

不是人们愿意患上完美强迫症,而是他们处处被这么要求,也习惯了要求别人,越是亲密的人越会求全责备,让人的神经完全不能松弛。人们渴望心灵的平静,但现实环境却需要你不断地想,不断地追,不断地懊恼。正因为如此,他们没有心平气和的兴趣。

完美让人苛刻。追求太高的人,总是不断轻视已经得到的东西,不断忽略身边关心自己却不那么完美的人，他们挑三拣四，挑剔别人也挑剔自己，让他人和自己同时处在重压之下，小心翼翼。他们可能是优秀的，于是有了更多资本对他人指手画脚；他们可能是不得志的，但自我感觉良好，总是迁怒于人。

完美让人永不满足。人们常说有追求的人永不满足，但追求也分两种：一种是凭借自己的努力，达到目标，一种是凭借自己的努力，达到要求。这两种的区别在哪里？前者愿意承认过程中的挫折与失落，并认为这是追求过程的必然，只要结果满意，一切值得；后者是对每个步骤都有严格的要求，出了一点差池，即使结果不错，也会耿耿于怀，认为有违自己的初衷。换言之，第一种追求是宽松的，第二种追求却降低了追求本身的乐趣，把一件乐事变成了任务，加上了绩效考核。这样的追求，带来的只有成功，不是快乐。所以，过于追求完美的人，无法体会成功真正的快乐，因为即使他们成功了，也会不断地给成功挑刺。

刻意追求完美的人永无宁日，他们把生活中任何一件事当成必须做好的任务。把任何事，不论工作也好感情也好家务事也好，变为计划、步骤、按时执行、定期检测、批评与自我批评……一番努力下来，他们累得气喘吁吁，然后板着脸说一句："这件事没做好。"他们把人生变成了一架不断飞奔的马车，不容许存在任何喘息空间。

是时候问问自己"为什么要这么累"了，难道人生的意义仅仅在于追求？难道你不想轻松一下，享受花前月下、闲庭信步？不要对自己太苛刻，更不要对他人挑剔，生命遵循着一定的步调，有快有慢，但一定要有停顿。就把那些不完美之处当作人生的一个小小驿站，从中体会生命残缺的美感，如此才能在无尽的路途中得到安宁和休息，能够思考人生和未来，不要只顾着赶路，要时常停下来想想：路究竟要怎么走。

别让欲望绑架自己

> 财富就像海水，饮得越多，渴得越厉害；名望实际上也是如此。
>
> ——叔本华

　　安德鲁夫妇年轻时曾有个愿望，想要有一栋能看到海景的房子，每天下班后两个人一起安静地坐在阳台上喝着咖啡，各自读一本书，不时交谈几句。他们为这个美丽的愿望陶醉，并下定决心要达到这个愿望。

　　为此，在大学当教师的安德鲁夫妇把所有业余时间都用在创业上，他们试着开夜间餐厅，试着在公园摆摊，试着在家里开美术辅导班，试着做手工艺品寄卖……他们靠自己的勤劳，一点一点积攒着买房子的钱。后来，安德鲁先生盘下了一个小皮革工厂，开始制造女士皮包。安德鲁太太的美术功底派上了用场，他们自行设计，很快得到了顾客的青睐。

　　不到十年，安德鲁夫妇实现了当初的愿望，买到了一栋海边别墅。他们的工厂也扩大了规模。此时，安德鲁太太希望自己的品牌能够走向国际，安德鲁先生希望自己有更多的房产，开高级车，给孩子提供最好的教育……钱并没有让他们清闲下来，反倒让他们更忙。

　　如今，他们的孩子已经大学毕业，在父母的安排下进入公司工作。他们依然住在最初买的海边别墅里，只是，安德鲁夫妇每天都在东奔西跑，很少在家里吃饭，只有一个佣人每天打扫别墅，然后在阳台上泡一杯咖啡，看着远处的海景，悠闲自在……

当人们渴望得到一种宁静的生活时,却发现他们想要的宁静一直在变动,附加的条件总是越来越多。就像安德鲁夫妇,他们根本不可能满足于一栋海边别墅,他们希望得到更多的保障,再来享受最初梦想的宁静。可见,扰乱心灵宁静的,就是欲望。

人不能没有欲望,欲望是人类能够生存下去的动力。试想,在原始社会,茹毛饮血,人们面对着苍天大地,春夏秋冬,常常被突如其来的灾难弄得不知所措。他们开始想要吃饱穿暖,想要吃得更好穿得更美,这都是人与生俱来的欲望,也是生存的需要。人类社会就是在这样的"原欲"中一步步发展,人也在这样的欲望中一步步走向成熟。

欲望一旦变为贪婪,就会成为人性的枷锁。从低谷走向高地是不够的,要走向更高的地方,再高一些,高处不胜寒也没关系,直到累死在半途。当追求变成了一种执念,人生的目的也跟着发生了扭曲,最初的那些心愿早已实现,然后被遗忘。

对金钱的贪婪更让人面目全非。有人为此铤而走险,有人为此自甘堕落,有人拥有财富却不肯花费一丝一毫,成了吝啬鬼。他们今生与宁静无缘,只有对金钱执着的贪念,拥着冰冷的金子,变成金钱的奴隶。然后在死的时候,发现什么都不属于自己,什么也带不走。

是的,你得到的东西,最后都不属于你,能够陪伴你的只有身体和灵魂。身体会逐渐老去,逐渐生病,变成一种负担,但心灵却能在每一天更充实,思想也会更加深邃。它们才是你忠诚的伴侣,当你年老,能够满足你的,只有心灵的平静。又何必等到年老,任何时候,灵魂的平静都是难能可贵的。

心灵的平静与欲望无关,宁静,在于对现状的享受。现状是什么样就是什么样,贫穷的人暂时不必想如何脱贫、焦躁的人不用想如何解决问题、辗转反侧的人暂时不要想如何奋起直追……这一刻是静止的,你要安静地思考生活的另一面。想一想你得到了什么,又失去了什么;想一想什么让你快乐,什么让你苦闷;想一想是你在生活,还是生活在驱使你。没有人喜欢被驱使,被驱使的人丧失了最基本的自主权,他们被欲望推着走,最后,生活不再是一个享受的过程,而是不断的加速度,让人筋疲力尽,口干舌燥,不由自主。

知足常乐,只有知足才能给欲望加上限制。人要有追求,但不能只追求一个方面;人要有行动,但不能光动不静;人要奋发向上,但不能忘记最初的目标。别让欲望绑架自己,即使我们有的时候身不由己,但一定要把心灵放置在更高远的地方,以超脱的目光看人看事,束缚与解脱,有时就在我们的一念之间。

虚荣,不可忽视的心灵顽疾

> 虚荣心很难说是一种恶行,然而一切恶行都围绕虚荣心而生,都不过是满足虚荣心的手段。
>
> ——柏格森

N市警方刚刚破获了一桩抢劫案,受害者是一位27岁的白领李小姐,她的肩膀被人扎了一刀,幸好没有生命危险。据她口述,她是在下班路过公园时遇到了歹徒,那时天已经半黑,歹徒突然出现,扎了她一刀,并抢走了她的手提包和手指上的钻戒。警员们在附近的草丛里找到了这个提包,钱包里的钱全部被拿走。

经过取证侦查,警员们很快抓住了歹徒。歹徒是一个不得志的中年人,没有前科。他说他当天正要去参加大学同学会,但是,却连买一件像样衣服的钱都拿不出来。他的同学大多混得不错,每次同学会上吹嘘自己的成就,总让他觉得汗颜。他也希望能光鲜地出现在同学们面前。鬼使神差,他看到了戴着钻戒的李小姐走进公园……

"我说不清当时是怎么想的,我并不想伤害那位小姐,只是想拿她的钱买一套西服,租一辆车……"歹徒一直在说这几句话。

"你为什么一定要去同学会?"警员问。

"如果我不去,他们一定知道我是因为太没面子才不去的,我怕他们以同情的口吻谈起我。"歹徒说。

"人的虚荣心真可怕啊。"了解到来龙去脉的李小姐感叹,她是因为想要炫耀钻戒的重量和形状才特意戴着去公司,想让同事们羡慕一下,没想到引起了歹徒的注意,招来了这场无妄之灾。从那以后,她再也不戴贵重的首饰去公司,有人说她被吓怕了,她却知道,这场无妄之灾给了她深刻的教训,人最需要警惕的不是歹徒,而是自我的虚荣。

一桩伤人抢劫的原因竟然是为了去参加同学会,想要买一件衣服。这种理由听上去荒诞,但仔细分析,又并非不可能。多少人铤而走险的原因,不是为大富大贵,只是想要应付一时的场面,满足一时的虚荣。可以说,干扰心灵安宁的最大原因,就是人的虚荣。

每个人都有虚荣的一面,想要比别人过得好,想要比别人更优秀,看到别人超过自己,心里一个劲翻腾,一定要铆足全力赶上去,将对方打败,享受比对方更多的羡慕和称赞,才觉得心里舒服,这种虚荣,我们又称之为好胜。好胜心有时代表一种进取意识,好好利用,可以使自己的生活有长足的长进,所以,虚荣并不是只给人们带来坏的一面。

虚荣有时也和自尊有极大关系。就拿人人都参加过的同学会来说,人们愿意在老同学面前穿上华丽昂贵的服装,让他们知道自己过得不错,不比任何人差。

需要警惕的是过度虚荣，一旦人们对虚荣心不加限制，它就会不断地膨胀，占据人的整个心灵，扭曲人的心性，让人生的方向发生根本性的改变。虚荣心膨胀时有几个信号，你一定要及时留意，及时克制，以免成为它的俘虏。

信号一：不可遏制的嫉妒

嫉妒心人人都有，看到别人过着比自己好的生活，做着比自己薪水高的工作，多数人的心理上都会有所起伏，也会嫉妒对方有这样的运气，说几句酸溜溜的话，事情也就过去了。但是，如果你发现自己总是想着他人的生活，或者他人能享受的某些东西，到了日思夜想的程度。甚至想要破坏对方的生活，总把自己幻想成对方，你就要注意啦，嫉妒已经严重干扰了你的生活，而这嫉妒的来源就是你的虚荣：你否定自己，肯定他人，恨不得成为他人。其实他人在其他方面未必比你好，你却偏偏只盯着他优于你的那一方面，让自己饱受嫉妒的折磨。

信号二：追求表面、肤浅的荣誉和享受

你本来过着按部就班的生活，对未来有目标，心中充满希望。突然有一天，你开始说"生命必须享受"，大肆拿存款购买衣物、手机、手表等装饰品，甚至开始用信用卡买车、买奢侈品，你越来越享受别人羡慕的目光，喜欢别人夸你的车、你的表、你新弄的发型，注意，你已经完全被虚荣心俘虏了。你开始追求与能力不符的生活，从此你要用全部的精力搭一个让人羡慕的空架子，这对你的未来没有任何好处，只会掏空你过去的所有努力。

信号三：急功近利

你本来是个认真负责的人。突然有一天，你开始着急，你开始觉得步调太慢，开始向往一步登天。你开始抄近道、走后门、不择手段地打压对手，你甚至可能为了钱做自己从前不会做的事。注意，你的品德已经开始滑坡，如果不想毁掉自己的生活，最好马上收手，虚荣并不是人生的意义所在，被它控制已经是你的不幸，如果还要让生活由它来做主，你只会越陷越深，直到无法挽回。

虚荣的人无法获得心灵上的宁静,因为他们每天都被攀比和贪婪折磨,及时警惕自己的虚荣心,以平和的心态对待生活,对待差距,珍惜自己所拥有的东西,爱自己身边的一切,你就会渐渐走出虚荣的沼泽。因为,虚荣说到底是在追求一种表面化的满足,而能够充实心灵的,永远是实实在在的爱、生活、感情,唯有这种充实无法取代。

睡眠,心安之道

> 一切有生之物,都少不了睡眠的调剂。
>
> ——莎士比亚

刚刚辞职的康先生患上了严重的失眠症,他无法理解自己为何会患上这种疾病。辞职前,康先生每天都在加班,每天都睡眠不足,他极度需要休息。甚至他的辞职,也是因为医生警告他必须赶快休整,不然身体会支持不住。在工作的时候,他从来没有失眠过,现在终于闲下来,他竟然睡不着觉!这真让他百思不得其解。

"你一定要累着自己吗?"医生严厉地批评他说,"你连睡觉的时候都在想以后找什么样的工作吗?"康先生承认这一点,他说:"我很忙,我觉得每一分钟都不能浪费。我必须趁着这段休息的时间把以前没时间想的那些问题想明白。比如,我想开一家咖啡店,本钱够不够,地段选在哪;比如,我和妻子感情不和,是该离婚还是该赶快生个孩子……"

"这是一个恶性循环。"医生说,"你越是因为这些事失眠,越觉得精力不足,越会影响你的思考能力和办事能力。然后再因为事情做不好继续失眠。你应该把事情在源头解决。我给你开一点药片,但你不能多吃,你要试着让自己心平气和,保持健康的睡眠状态和良好的睡眠质量。"康先生拿着药包离开医院,他也不知道这些药有没有用,他看着地铁站的人群,不禁想,是不是每一个人都像他一样,每天晚上要么因太累睡得像死猪,要么因太烦睡不着觉,根本不能享受真正的睡眠?

从人类诞生时,就遵循着"日出而作,日落而息"的规律,生命在于运动,生命也需要静止,睡眠,就成了旧的一天和新的一天的连接点,每个人都需要在这个衔接中养精蓄锐,把耗费了的精力恢复过来,迎接新的一天。生命的生理周期就是如此。

不过,忙碌起来的人并不重视这个规律和周期,他们想做的事太多,要想的事太多,只能拼命挤压已经不充裕的睡眠时间,八小时挤到六小时,六小时压到四小时,咖啡、茶、提神饮料轮番上阵,为的是赶走困意,继续加班。他们也听到了身体负重的呻吟,听到了各器官疲惫的抗议,但他们会安慰自己:"没关系,我还年轻。"

年轻的人就可以无限制地糟蹋身体?且不说如今不时出现的"过劳死"现象,单单是"亚健康",就让拼命加班的人无法应付。每天起床的时候就觉得筋疲力尽,一天都提不起精神,情绪低落,于是效率低,继续加班,好不容易熬到半夜,瘫倒在床上。这样的人,别说安宁祥和的心境,就连身体都照顾不好。

身体是革命的本钱,身体也是心平气和的资本。一个总是卧在病床上的人,不能做自己喜欢的事,吃什么东西都要忌口,只能面对病房外的一道墙壁,他还能有什么好情绪?卧床的病人常常是安静的,与其说他们心平气和,不如说他们心如死灰,这种安静不是宁静,而是死寂。

身体的"不安宁"直接影响心灵,今天腰疼明天腿疼的人,如何避免烦躁的情绪?何况自己的身体只有自己能爱护,拼搏没有错,但拼搏也要"有静有动,有张有弛",连基本睡眠时间都不够的人,很少能拼搏到最后。当你抱怨生活不够安宁的时候,从最基本的事做起,先关心一下你的睡眠吧。

足够的睡眠可以调节身体各部位的运作，是健康的基础之一。想让身体得到充分的休息和放松，睡眠是最好的方法，让每一个细胞都在黑夜，在柔软的床上被绝对地安静抚慰，各个器官都在这个过程中放松，肌肉在松弛，神经不再紧绷，渐渐恢复为最佳状态。第二天醒来的时候，你才能精力充沛，以饱满的精神迎接高强度的工作。此外，睡眠对女士们有特殊意义：睡眠出美人，保证充足的睡眠，比去美容院更管用。

深层次的睡眠有助于心灵的平静。人一旦进入睡眠状态，就进入了无意识的世界，心灵在这个时候极度平静，白日里的苦闷和烦躁被忘记，各种思绪被抚平，伤痛被治疗。再次醒来的时候，因为精神充足，会觉得遇到的困难不足以称为困难，遇到的伤痛已经成为过去。"每一天的太阳都是新的"，这句话只有那些睡眠充足的人才会说。而那些睡眼惺忪的人，只想拉紧窗帘继续睡觉。

重视睡眠质量，避免失眠，就要从各方面努力。遵循人体生物钟，定时睡觉是个好办法。人体是精密的，一旦习惯了在某个时间睡眠，到了这个时间，身体会自动发出信号，各个细胞也都进入准备睡眠状态，在这种情况下，你很难失眠。而且，只要睡眠规律，睡眠时间即使少一些，也不会影响第二天的状况。

难以入睡的人要注意入睡方法。安静是第一要素，可以使用熏香，可以阅读，可以听舒缓的音乐，也可以喝安神的牛奶，只要让自己静下来，躺在床上，睡意总会来找你。人难免有失眠的时候，不要太紧张，越紧张越睡不着。把烦心事放下，睡眠是用来享受的。

睡眠环境也需要注意，床与枕的舒适度，屋子的通风情况，手机会不会突然响起，隔壁有没有噪音，都可能影响睡眠的质量。尽量为自己打造一个安静的睡眠空间，睡眠是让心安宁的好办法，即使有什么烦心事，也告诉自己："现在头脑混乱、思维不畅、心灵紧张，明天再想。"你会发现，第二天早上那些困扰自己的问题突然就有了答案，这就是睡眠的神奇之处。

不把他人当作自己不幸的罪魁

> 认为自己是一个怎么都会吃亏的特殊人，这样的人痛苦是没有人知道的，没有人理解的，没有人同情的。
>
> ——海塞

隐士躲进山中，发出痛苦的呻吟，他说："这个世界太令我痛苦了，我无法在其中生活，我觉得每一天都在忍受地狱的煎熬，没错，他人即地狱！

"我太讨厌这些人了，有了他们，我做不好任何事。我的上司总是板着脸，我的妻子每天都在纠正我吃饭时的动作，我的儿子每天都在给我增加麻烦，我的邻居整天打呼噜，透过薄薄的墙壁，我连觉都睡不好！就连邻居家的狗也跟我过不去，见到我就狂吠，让我心烦意乱。啊！我一定要离开他们！和自然为伴！"

一头牛听到了这句话，同情地看着他，对他说："尊敬的先生，我理解你的感受，我也和你有同样的烦恼。我有一个主人，天天拉着我耕地，除了草料，他不会给我工钱，等我老了还会把我吃掉；我也有同伴，和我一样愁眉苦脸，要为做不完的劳作烦恼；我住的房子漏风又漏雨，和你现在住的山洞一样，一到冬天就让我难受得发疯；我有休息时间在这里寻找嫩草，这的确是快乐的时光，但我怕狮子和老虎，它们不知道什么时候会出现，一口咬断我的脖子——现在，你还觉得你的生活、你身边的人很让你讨厌吗？"

当人们觉得心绪不宁时,很少有人愿意在自己身上找原因,他们会不约而同地把眼光集中到"他人"身上,自己的不幸,自己的烦躁,自己生活的不如意,肯定是因为有了某个人的参与、作梗、瞎指挥,如果没有这个人,或者这些人,自己将过着另一种生活:轻松、自在、事事顺心。

这种思维集中表现在那些"怨偶"身上,这样的"怨偶"我们随处可见:男的抱怨女的婆婆妈妈不温柔,女的抱怨自己嫁错了人;男的嫌女人没风情,女的嫌男人不够体贴;男的觉得女的不够支持自己的决定,女的怪男的下决定之前从不找自己商量……他们认为自己一生中最大的错事,莫过于与对方结婚,完全忘记了恋爱时对方在自己心中如何完美。

但是,他人真的给你带来了如此大的影响吗? 他们做的事可能给你添了麻烦,他们的要求可能让你不知如何是好,他们的议论可能让你觉得刺耳,他们的建议对你来说也许是一种干涉……但是,你是自己的主人,选择权在你手中,你可以拒绝,可以反驳,可以质问,你之所以觉得别人打扰了你,是因为你没勇气制止别人。

何况,你给他人带去的难道只有好处吗? 不要以为自己什么事都做得很好,你同样也在给别人带去麻烦。从别人身上找问题,是我们亟待改变的思维模式。别人没有那么多错,你也不是真理的化身。学会从自己身上找原因,才有助于事情的解决,而不是在偏见中越陷越深。你必须具备三种意识,才能找准不幸的原因。

责任意识

对人对事要有责任感,不论出现什么状况,先要想到自己有什么责任,而不是把责任推出去。有责任感的人负担更重,这是事实;但有责任感的人能够避免与人的口角和纠纷,日子久了,还会受到他人的信任,获得他人的支持。责任感给我们带来的最大好处不是外在的,而是内在的:当我们知道自己该做什么,该为什么负责,我们对生命就会有更多的认识,做人做事就会更加沉稳细致。因为负责,我们收获了严谨;因为严谨,我们减少了风波和损失,让我们的处境更为顺利,心态更为平稳。

补救意识

事情没做好,当我们仔细分析自己的责任后,就要想办法补救。首先要补救自己那一部分,同时要客观地指出他人的错误,让他人也察觉这一点,共同努力,才能使事情有一个圆满的结果。要相信任何事都不是无法挽回的,只要付出行动,事情总会有转机。人与人的关系也同样需要缝缝补补,生活也是如此。要相信我们的心灵虽然有补丁,却依然完整。

交流意识

人与人产生误会摩擦最大的原因,就是缺乏交流。把他人当作地狱,是因为不够了解他人的想法和生活,以自己的心思揣摩他人的一切,才会相互干扰,相互看不顺眼。如果能够敞开心扉,多与他人交流,了解彼此的思想,体谅彼此的难处,那么他人将成为天堂。与其在他人身上找毛病,不如找优点和亮点,让我们体会到他人的美好。

不要总是说"树欲静而风不止",即使他人吹来的风动了你的身体,只要你心神澄明,他们就撼动不了你的意志、你的决心、你的生活方式、你的性格……当你遇到困境和磨难的时候,当你觉得不幸的时候,不要在他人身上找原因,原因只有一个:你的内心和能力还不够强大,不足以应对一切。当你能够以宽容的心胸接纳他人之时,你才能真正领略人与人交往的乐趣,才能感受到他们带给你的不是麻烦,而是陪伴。

让心灵漫步,享受天地间宁静的一隅

> 烦恼的事情最好在散步时把它忘掉,你不妨出来试试看看,一切烦恼的事情都会像长了翅膀一样飞走了。
>
> ——戴尔·卡耐基

　　林先生从小就养成了一个习惯:散步。小时候,他刚开始学走路,就被爸爸带着在附近的小树林散步,每一天,他跟着爸爸的步伐,认识树林里的树木,问爸爸野花的名字,阳光透过树荫洒下来,他的童年染上了草木的香味和阳光的颜色。

　　后来,小树林变成了工厂,父子俩散步的地点改到小区的公园,他们有时候会在健身器材边长谈,有时候会看附近的老人下棋,即使最紧张的高中三年,他还是会每天跟着父亲出去溜达一会儿。上了大学,他会带着女朋友在校园里漫步,享受悠闲浪漫的时光。

　　大学毕业后,林先生才意识到散步为他带来的种种好处。对身体的锻炼自不必说,最重要的是,散步能让心灵得到休息,让思维重新活跃。工作后沉重的压力让他不安,让他畏惧,在每一天的散步中,他试着让自己放松,不去想工作中的烦心事——这固然不可能,但在散步中想起的事,却不可思议地有了清晰的条理,让他不再迷惑不解。

　　成家后的林先生依然爱散步,而且增加了散步的时间,他让思绪漫无目的飘向天地之间,感受到心灵的宁静与祥和。他觉得散步有一种魔力:净化了他的思维,让他沉重的步伐重新变得轻快,让他重新认识到生活的可贵之处。他想,如果这个城市里的人们，每天也愿意像他一样，以轻松的心情漫步半个钟头，他们的生活也一定会有一番改变……

散步并不像林先生想的那样，有什么神奇的魔力，它只是属于林先生的休闲方式，林先生用这种方法追求宁静。人们通过各种方法追求这种宁静，有人画画，有人写字，有人听音乐，他们都想让心灵在某个远离尘嚣的空间漫步一段，让它重新变得清新、善感、有活力，让它能够感受生活，感恩生活，让自己变得充实而快乐。

非宁静无以致远，这是诸葛亮告诫人们的一句话。这个"远"，既是指人在静心的状态下能够把事情做得更好，也是指人在无欲求的状态下能达到更高的目标，更是指心灵空静所能体味的高远境界。

宁静的状态让人羡慕：不会为琐事生气，将它们都看淡看开，有什么可生气的，值得高兴的事那么多；不会为荣辱起伏劳神，别人怎么议论又如何？我过着自己的生活；想达到的目标还是没达到，但也并不难过，努力也是一种难能可贵的体验；以平和的心态享受感情，世间的激情会平淡，我更愿意追求细水长流，长长久久……这的确是一种常人难以企及的境界，却不代表平常人做不到。

不要奢望一下子由凡人进化为神人，不要认为看到一段有道理的话就能立刻丢开烦恼，不要觉得有一番雄心就能呼风唤雨，任何事都要从小事做起，一点一滴积累，才可能达到自己想要的那种状态。想要一颗宁静的心也是如此。当你不能摆脱日常琐事，当你无法割舍七情六欲，你可以从每一天里截取一小段时间，专门用来供心灵漫步。

在这一小段时间里，找个最能让你平静的方式，散步也好，阅读也好，弹琴也好，哪怕是安安静静地躺在床上，一切以你的舒服和放松为主。什么都不要想，或者随便想点什么无关生活的小事，让你的头脑完全放松下来，不理会任何烦恼。你会觉得周围越来越静,你也不会发出声音,这时候你体会到的,就是心灵的安宁。

当你习惯了这种体验,试着把它带入你的生活吧。特别是苦闷的时候,深呼吸,像散步一样把心灵放空,体会一下轻松的感觉,告诉自己所有烦恼都有解决方法,在那之前,你必须心平气和,才能达到最佳状态。其实,心灵宁静是每个人的"最佳状态"。

有了这样的意识,你会渐渐发现很多事不值得你气愤,不值得你忧虑,在天地间安静的一刹,听听心灵的声响。然后,带着这种没有烟火气的心态继续生活,你将在沉思中睿智、在等待中机敏、在困境中坚忍,再在成功后不骄不躁,享受云淡风轻。

第七章

把自己忘掉，以纯粹心对人
——如何让别人喜欢你

想要创造命运，先创造一个良好的周边环境。与他人共处是一门大学问，如果你有真诚的心，这门学问你能够无师自通。

想成为受欢迎的人，先抛弃自己的成见，了解他人，尊重他人，爱护他人。你为别人想的事越多，别人越会记住你、欣赏你，你的身边，自然会形成一种友爱的气场。

改变气场循环，从身边做起

> 不论你是一个男人还是一个女人，待人温和宽大才配得上人的名称。
>
> ——萨迪

A 和 B 毕业于同一所大学的同一个专业，又同时进入同一家公司上班，对此，A 很不忿：A 的专业成绩远远高出于 B。

一年过去了，令 A 没想到的事发生了，B 竟然升了职，当了 A 的上司。A 百思不得其解，在他看来，B 这个人比自己强的地方只有一个：会交朋友。不论和同事还是和领导，混得都熟。而自己一向"不屑"这一套。A 找到领导，开门见山地质疑上级的决定。

领导听明白他的来意，让他坐下，语重心长地说："你为什么不想想，为什么升职的是 B 而不是你？你仔细回想一下，你平时怎么对待工作和同事，B 又是怎么做的？"

A 想到了 B 和他的不同。B 是个热情的人，同事如果有什么事需要帮忙，B 即使很忙，也会抽出时间搭把手，帮别人解决问题。如果同事求助的对象是 A，A 只会板起脸说："我也没有时间。"或者"我看看明天能不能空一点，你别抱太大希望。"

对待领导，B 和 A 也不一样。B 的服从性强，即使对领导的命令有疑问，也会先去执行，在执行的过程中与领导协商，而且完成工作后不居功。A 刚好相反，他太有自己的主意，还总怕自己吃亏，经常会指出领导计划的不合理之处，总是觉得领导不如自己。久而久之，领导有任务，第一个想到的总会是认真按照自己要求做事的B,而不是能力虽强,却"不好使唤"的A,B的机会多,业绩就多,升职的名额,自然落到他手里。

A想到了更多,平日,在B周围的人都和他一样,带着笑脸,充满干劲,轻松愉快;而同样的人在自己身边,则会和自己一样面无表情,满脸严肃,各自干本职工作,很少交流。A思索良久,第一次承认,自己除了专业能力,在很多地方都和B有差距。

A和B没有名字,可能是你我他,就存在于我们的生活之中。我们都希望成为B,却总是在做A在做的事,于是,我们和他人的关系总存在着误区,存在着差距,存在着敌视和偏见。严重时,"我"与一切对立。这种现状让我们头疼。

人际关系是每个人每天都要面对的课题。手段灵活的人进退得宜,认为谈感情不过小菜一碟;另一些人却把人际关系笼统地概括为应酬、客套、钩心斗角,进而排斥,恐惧。即使如此,没有人能脱离他人,人只能生活在多种关系中。而且,故事中AB二人的不同遭遇,足以说明人际关系有更实际、更深远的意义。

实际,在于我们不可避免地要接触别人,与他人合作,借助别人的力量达到自己的目的。如果身边的人愿意帮助你,愿意对你用心,你做事自然能够顺利;相反,如果你平日毫不注重人际关系,不是得罪人就是冷落人,让别人对你印象不好,甚至想要整整你,你前进的道路上就会多出不必要的磕磕碰碰。

深远,在于好的人际关系对人的运气有极大的影响。运气需要一个依托点,就是我们每个人的气场。气场这个词听上去很微妙,说不清道不明,但它的确存在,而且影响着我们每个人的生活与命运。

　　有一门学问叫作"命理学"，专门研究人生命运的运行规律，这种学说倡导人的气场时时刻刻都在和外部环境之间进行能量交换，维持一种平衡，同时，个人的磁场也影响着周围的每个人，同时被每个人影响。所以，如果一个人总是散发着"负能量"，周围的环境即使是好的，在与他的不断"交换"中，也会变得不好。

　　所以，每个人都要慎重地对待自己的人际关系，要与身边的人形成一种良性互动，简言之，就是让他人喜欢自己。让他人喜欢，并非刻意地讨好，而是认同、是尊重、是互相间的礼让与友爱。

　　与他人的交往中，如果能保持一颗无私的平常心，就很容易忽略掉自己受到的不公、委屈、诘难，设身处地地为他人着想，让他人觉得舒服，觉得感激，觉得想要和你做朋友，想要在你有困难的时候帮助你。良性气场就是这样形成的。

　　与其绞尽脑汁地去琢磨人际关系的繁难，不如轻松一点，就从身边做起，改善自己的气场循环，用善意的笑容和友好的行动证明自己。一个人如果有能力经营好自己的"小世界"，让身边的家人、朋友、同事都感觉温暖和欢乐，他也同样有能力经营起更大的"世界"，因为，每个人都希望自己生命中有你这样温暖的人，并喜欢这样的人。你不可能不受到欢迎，你的人生，也因此少掉很多人际上的波折，就连运气之神，也愿意接近笑眯眯的你。

亲切地叫出对方的名字

好脾气是一个人在社交中所能穿着的最佳服饰。

——都德

高小姐常说自己是个脸盲症患者,所谓"脸盲",就是记不住别人的长相。她在大学的时候经常遇到这样的事:对面走过一个人来,笑着和她打招呼,她嘻嘻哈哈地应和着,却根本不知道对方叫什么名字,他们在哪里见过面。有时候对方多说多问几句,她就会露出"马脚",对方发现她根本不记得自己,难免不开心。

大学毕业,她面临一项巨大的挑战,她学的专业是酒店管理,实习的地点是市里一家口碑极佳的高级宾馆,她担心自己连客人的脸都记不住,影响工作效率。病急乱投医,她找到了本校一位正在读研的心理学专业学生,问问她有没有什么办法。

这个要求让这位学姐哭笑不得,学姐问她:"那么,你是不是记不住所有人的脸?"

"不是!相处得久的我就会记住!"高小姐说。

"那说明你不是脸盲,而是和人交往的时候太不用心,什么也不愿意记。"学姐肯定地说,"不用担心,你只要训练一下,就能克服。"

认真的学姐亲自帮高小姐制定了"训练计划",她要求高小姐在学校摆一个卖旧书的摊子,处理毕业时带不走的书,要记住每个来问价的人的大概长相、说话特点,高小姐大叫:"那怎么可能!"学姐严肃地说:"为什么不可能?难道他们长得都一样？你可以少放点东西，这样来买的人不多，你更容易记住，过几天再多放一些，循序渐进。"

按照学姐的要求，高小姐开始学习记住人的脸。她渐渐摸索出了一套经验：人的脸部都有特征，如脸型、眼睛、痣、笑起来的动作、气质……每个人都不一样，只要用心记，想要记下一个人的样子并不难。如果能和对方多说几句话，掌握对方的声音语调，了解对方的专业和爱好，记忆就会更加牢固。

经过长达半个月的"训练"，高小姐觉得自己的认人能力得到了极大提高，她后悔为什么不早一点开始集中精力，大学四年，她不知耽误了多少结交朋友的机会！

高小姐之所以会"脸盲"，就在于她并不在意他人，对他人的长相，她看过就忘；对他人的名字，她听过也懒得记。对他人来说，这种态度是一种怠慢，谁也不想兴致勃勃地打招呼的时候，得到别人的一句疑问："你是谁？"那无异于一瓢冷水。只有叫出对方的名字，代表你记住了他，很重视他，才愿意与他发展进一步的友情。

重视，是人际交往能够深入的重要条件。站在自己的立场上想一想，一个老是记不住你名字的人，和一个见过一次面就完全记住了你的人，你更喜欢哪一个？答案很明显，谁都希望自己在他人心目中占据一定的地位，是他人欣赏的对象，如何确定自己的地位？在交往之初，考量的标准就是看对方是否记得住自己，是否记得住彼此第一次见面的情景。

怎样才算认识一个人？仅仅知道名字还不够，还要了解对方的脾气，知道对方的爱好，把握对方的原则，熟悉对方与他人的相处方式。什么都不知道就去相处，很容易出现反效果。

如何记住他人，遵循以下步骤，你也能"过目不忘"。

一张脸联系一个名字

记人首先要记住对方的脸。脸型、眉毛、眼睛、鼻子、嘴巴如何组合，世界上没有两张相同的脸，记住五官就是记住他人最紧要的特征。不要记对方穿什么衣服梳什么发型，因为下一次这些东西都有可能变化，只有五官是不变的。

把这些东西记好的同时，还要在脑子里默记多次对方的姓名，有些人的名字很有特点，容易记；有些人的名字普普通通，需要多念叨几次，这种方法可以让你避免"这个人我好像在哪见过"、"这个名字的人长什么样子"之类的困扰。率先叫出对方的名字，或者用尊称称呼对方的姓氏，证明你的确记住了对方，而不是虚伪的客套，让对方能够感觉到自己在你心中留下了极深的印象。

一个声音联系一种个性

在联系方式日新月异的今日，我们有了许多没见过面的朋友，不知道长相的客户，只闻其声不见其人的老熟人，这是科技发展的必然。所以，除了过目不忘，我们还必须练习"过耳不忘"，当有人开玩笑说："猜猜我是谁？"我们不会抓耳挠腮，不会恼羞成怒，而是准确地说："你是 XX，你的声音我不会忘！"

声音透露着他人的个性，从一个人如何讲话，你就能大概推断出此人的脾气秉性。语速快又有条理的人是理性派；喜欢说一堆却显不出重点的人为人热情，你托他办事他不会推辞，但不一定会达到你想要的结果；说话简洁没有一句寒暄的人冷静，不喜欢交际，你也不要跟他说废话。

科技为我们提供了更多的便利，不论是来电显示还是电话名片，都能让你省略了不断问"您是哪位"的尴尬，不过，也不要太过依赖高科技，不喜欢研究对方的声调、语速、说话习惯、口头禅，是你自己的损失。

一张名片联系一种身份

名片是交际的重要组成部分，有段时间人们把名片当成自己的第二张脸孔，在装帧设计上大做文章，有人使用特殊纸张，有人使用名贵香水喷洒，有人甚至用金箔制作名片，让接过去的人诚惶诚恐。近年来，人们崇尚简约精美、一目了然的设计风格，人们都知道，象征身份地位的不是名片，而是名片上的头衔和名字。人们最重视的，不是满目可见的"主管"、"经理"、"客座教授"，而是能否"名"副其实。

于是，接到名片的需要在脑子里有个分类，名片上的头衔有的是虚名，有的则有十足十的含金量，为了交际考虑，这类名片你需要特别重视，放在名片夹的重要位置；出于兴趣、交友等等因素考虑，名片也要分门别类，不要随便丢失。还可以给名片配一张小纸条，写一些"备忘录"，如此人的生日、爱好，这些事看似多余，说不定哪一天就派上大用场。

记住名字是交往的第一步，对他人的态度同样重要。亲切友善，不卑不亢，当你以这样的态度对待别人，对方能从中读到最大的善意，自然愿意和你继续相处。记住，重视他人，就是记住他人，不但要记住他们的面貌，叫出他们的名字，还要记住他人的脾气、喜好、原则……这种习惯，会成为你在人际交往中的最大法宝。

给别人多一些尊重和赞美

> 要使别人喜欢你，首先你得改变对人的态度，把精神放得轻松一点，表情自然，笑容可掬，这样别人就会对你产生喜爱的感觉了。
>
> ——卡耐基

孙莹的礼仪老师曾经给她这样一个建议："你个性直率，说话坦白，这是你的魅力，但也可能给你带来麻烦。记住，你对别人说的话，应该以赞美为主。这是建立良好人际关系的一个小窍门。"起初，孙莹不以为然，她反驳说："那不就是整天拍别人马屁？"

"赞美和拍马屁是两回事。"

"不都是在说别人爱听的恭维话？"

礼仪老师没办法，只好说："那就把我这句话记住吧，有一天也许能帮助你。"

孙莹并没有把老师的话放在心上，她认为，一个人真诚、聪明、有能力，足以在社会上立足。那些刻意的赞美，虽然能够快速拉近与他人的距离，但在孙莹看来那都是虚情假意的客套。就算真的欣赏、佩服一个人，也应该放在心里，不应该宣之于口。

两年后，又有人对孙莹提出类似的问题，是同一公司的一位温和的老员工，她说："你很少肯定别人，这是你的交际软肋。"孙莹依然不以为然，即使她已经在这方面吃了亏：她和同组的刘小姐同时进公司，二人能力相当，而组长更偏爱刘小姐，原因就是刘小姐非常尊敬这位组长，经常对同事和朋友说她特别佩服组长。

"不靠这些东西,我照样也能升职!"孙莹暗自鼓励自己,她要争这口气。

又过了两年,孙莹终于靠自己的努力成为主管,手下有五六个人,她相信这只是一个起步。可她很快发现,她手下的员工工作热情不高,对她也很有意见。孙莹百思不得其解,自己对员工虽然严格,但什么事都为他们着想,为什么得不到他们的拥护?无奈之下,她只好向已经进入分公司当经理的刘小姐请教。

"你是不是从来不夸他们?"凭着对孙莹的了解,刘小姐一下子找到了症结所在。

"他们做得好我会肯定,而且一定会为他们争取奖金和假期,这还不够?"孙莹问,"难道他们在意的不是这种实际的东西?"

"他们在意实际的东西,但也在意你的赞美,你从来不说他们的好话,会让他们觉得自己没做好,或者觉得你太挑剔,不好相处。久而久之,自然会降低热情,也会觉得你是个不近人情的人。"

与刘小姐一番长谈,孙莹打消了对刘小姐长久以来的"拍马屁"偏见,她觉得刘小姐这个人的确很友善,任何人与她相处都会觉得愉快。她也第一次意识到自己与对方的差距,这差距不是在业务能力上,而是在为人处世上。她又想起曾劝过她的礼仪老师和那位温和的同事,没能及时听他们的意见,孙莹觉得很惭愧……

与人对比的时候,很容易察觉到自己的不足。对比学业,会发现自己的怠惰;对比事业,会发现自己不够勤勉;对比与人交往的态度,会发现自己不是技巧不足,就是耐心不够。这种对比很可能产生抱怨,抱怨他人事事顺利,自己处处受限。聪明人却会从这种对比中汲取智慧,追赶差距。就像故事中的孙莹,相信她的未来会有崭新的局面。

赞美他人,乍一听确实会让人想到"拍马屁",没有人愿意摆出阿谀奉承的脸围着另一个人,那是对自己的贬低,也不会换来他人真心的尊重与诚意的对待。其实,这是人们对"赞美"的误解,赞美是基于事实基础上的肯定,阿谀却是在事实基础上的夸大其词,甚至没有事实基础的胡吹海吹。

举个武侠小说中的例子吧。在金庸先生的《天龙八部》中,丐帮弟子认为乔峰帮主神功盖世,星宿派门人鼓吹星宿老怪"天下无敌"。前者是事实,是人们心服口服的结果,后者却显得阿谀肉麻,让人听都不想听。这也说明,当你赞美的对象当得起你的赞美,没有人会认为你在拍马屁,甚至会觉得你说出了大家都想说的话。

放下对"赞美"的偏见,重新认识赞美这件事。其实每个人都需要他人的赞美,赞美代表的正是肯定,而且是对他人的一种监督和鼓励。美貌的姑娘喜欢听赞美,那会让她更加注意自己的言行举止,以免破坏给别人留下的好印象;善良的人喜欢听赞美,他们的善行不是为了别人的歌颂,但别人的肯定和友好会让他们更加坚定行善的决心;学生喜欢听老师和长辈的赞美,他们正处于成长期,肯定有助于建立自信;成人也喜欢赞美,他们大多很普通,赞美能够让他们发现自己身上的亮点,进而更加努力生活……

说出赞美的人会给人留下什么印象呢? 只要不夸张,不肉麻,适可而止,被你赞美的人只会觉得你诚心又有欣赏眼光,甚至觉得你是知己。赞美别人时,要注意以下三点。

赞美不要只对着当事人说

如果别人在你面前赞美你一番,你一定会觉得脸红,觉得需要找一些谦虚的话应对,甚至怀疑对方在讨好你。但是,如果这个人在众人面前赞美你,或者在背后诚心诚意地赞美你,你肯定不会怀疑这种赞美的真实性,会觉得特别飘飘然,这种开心的感觉,别人也会喜欢。

不要总是赞美别人都在赞美的事

赞美需要技巧。如果一个女孩很漂亮,你赞她一句"你真漂亮",不过是锦上添花,不会给她留下任何印象。如果你注意到她做事细心,每晚总会帮大家收拾一下桌面,这种赞美才会让她大为感动。人们希望的赞美,永远在那些不为人注意的地方。多多观察他人,你会发现每个人都在一些小细节上令你感叹,让你欣赏。把这种欣赏说出来,会给对方带来惊喜和充实的满足感。

赞美不要空泛,要摆事实

当你佩服一个人、欣赏一个人,想要表达对这个人的赞美之情,千万不要只说一句"你真好"、"你真聪明"、"你真有毅力",而是要摆出事实例子,最好一连举出好几个例子,充分地落实你的赞美。这样既显得你的赞美有内容、有分量,还会达到意想不到的效果:要知道,人们不会记得自己做过的每件事,突然从别人嘴里听到,那种惊喜和自豪,不能用语言来表述。优秀的人会得意,自卑的人会振作,努力的人会看到努力的意义,他们都会感激你的赞美,肯定你的为人。

赞美产生于对他人的尊重和喜爱,如果一个人能够放下心中的偏见,以开放的眼光看待所有人,以尊敬的态度接受所有人,就会发现每个人都有值得学习的地方,每个人都值得去赞美。当你把这种欣赏传递给他人,他人也会发现你、重视你、欣赏你。你们的关系,就在彼此的欣赏中,越来越完善、稳固、升温。

为人着想,可以是一种习惯

> 为别人尽最大的力量,最后就是为自己尽最大的力量。
>
> ——罗斯金

小时候,思思笨手笨脚,经常打碎盘子和碗,这时候奶奶就会将碎片收拢,在放进垃圾桶之前用宽胶带缠几下。思思问奶奶为什么这么做,奶奶说:"清洁工人工作忙,有可能会划伤他们的手,既影响他们工作,又让他们花医药费。"

在奶奶的影响下,思思从小就养成了将尖锐的废弃物用胶条缠好的习惯,知道这件事的人都夸她是个懂得为人着想的人,但思思认为自己做这件事已经成了一种习惯,她并不把这件事当成多大的事。她觉得关心他人并不是大事,只是人们对他人关心得太少,为自己想得太多,才凸显了她的"善良"。

人们喜欢那些懂得为人着想的人,他们很少为难别人,总能记住别人的事情,并在自己有能力时给予帮助。他们喜欢给人解围,又很少接受人们的感激。他们像春风一样和煦,让周围的人觉得温暖宜人。他们的善良与宽容像一个强大的磁场,吸引着他人,稳固着友好的关系,让所有人乐在其中。

看到这样的人,人们也会开始检讨自己:为什么自己的脾气没有那么好?为什么自己的心思没有那么细?为什么自己做事不能面面俱到?其实,他们羡慕的人也不是那么面面俱到，只是在他们关注到的地方，用了足够的心思。而这种心思一旦给人留下印象，就很难磨灭，让人们觉得他们做其他事，也会有一样的温柔细致。

但其实，为人着想这件事，和脾气不好、心思不细、做事不周全无关，它是一种心理状态，当你心中有别人，能够站在别人的立场考虑，对别人抱有理解和尊重，自然就会为他想到很多事，就像我们爱护自己，会为自己想到很多事一样。

每个人都有为人着想的能力，即使小孩子，当他们为父母着想的时候，也能够做到努力学习、不惹事、不把屋子搞乱等让父母省心的事，何况是一个成年人？不要说自己"不会为人着想"，只要用心，每个人都可以为其他人做很多事。

为人着想可以是一种心理习惯，但你懂得为一个人着想，你也就具备了这种思维，由点到面，由实现对方的一个小心愿到为对方考虑得更周全更长远。当你懂得为更多人考虑，你的个性就会越来越温柔，你会发现喜欢你的人越来越多。

为人着想并不是自己的损失，因为你在为别人用心的同时，别人也愿意投桃报李，一心一意地关心你、爱护你，人与人的关系，相互影响，相互感染，感情就是在这个过程中越来越深，所以，不要把关心别人当作吃亏，即使真的吃了一些亏又能怎样？

那么，究竟应该从哪一个方面入手，学习为他人着想？答案是任何方面！随便一个切入点，你就能找到为对方考虑的方向，然后体会对方的内心世界。最简单的着手点有三个。

明白他人的脾气

每个人的脾气不一样，有些人脾气急，做事风风火火，说话冲口而出，他们有时候会得罪你,有时候会做错事,如果你愿意体谅,就会发现他们同样有特别讲义气、无条件维护你的一面。当你懂得为他人的脾气着想,就能摸索出与他们相处的最佳方式。

了解他人的喜好

每个人都有自己的喜好,就像一桌饭菜,有人爱咸,有人爱淡,有人夸咸的入味,有人夸淡的养生。不要勉强别人接受自己的喜好,尽量尊重那些你不理解的东西,就是最大限度地为他人着想。即使那些有"怪癖"的人,和你相处也会觉得轻松愉快。

知道他人最在乎什么

相信你也有这样的感受:世界上,有些东西比其他东西都重要。有些人为了爱情可以不顾一切,有些人在乎名誉胜过生命,有些人最重视父母,有些人把宠物当命根子……了解到别人在乎什么,就是拿到了一把打开对方内心世界的钥匙。试着在乎对方在乎的事,你就永远不会触犯他的底线,不会侵犯他的原则,他会始终将你视为知己和战友。

接近他人、关心他人的方法有很多种,在这里不再一一列举。为他人着想的核心是关怀和行动,有时候你关怀的方向错了,给对方带来麻烦,他也不会责备你,因为你的这份心意才是最珍贵的。不要只活在自我的世界里,学着为他人考虑,为他人做事,你以温柔的态度对待这个世界,这个世界也会对你温柔相待。

面子与台阶，他人最需要的东西

像爱自己那样爱别人，这就是确立人际关系的真谛。

——原一平

长谷川夫妇最近协议离婚，听到的人都觉得惋惜。长谷川先生开了一家小银行，他有事业心，对妻子又照顾。妻子枝子温柔贤淑，把家里料理得井井有条。他们的夫妻关系一直让旁人津津乐道，称为美满和睦。听到离婚的消息，人们都猜测是否是长谷川先生出了什么问题，例如，男女问题。后来才知道，离婚是由长谷川太太提出的。

离婚原因既不是对方出轨也不是自己出轨，而是长谷川太太受不了对方的态度。长谷川先生总在人前说太太"只会做家务"、"性格唠叨"、"不体贴"，即使太太就在身边，他也旁若无人地批评着，让枝子觉得脸上像发烧一样。如果枝子做错了什么事，长谷川先生会不留情面地嘲笑，根本不会替妻子打圆场。但长谷川先生并不认为自己的态度有问题，他说："我实话实说有什么不对？"而且他并不觉得自己对妻子的爱有所减少，他说："世界上的女人都是这样，我唠叨几句，不代表不爱她。"

但长谷川太太却再也无法忍受了，在人前被丈夫数落，接受旁人同情的目光和善意的圆场话，都让她觉得难堪。在沟通数次都没有效果的情况下，她终于提出了离婚。有人说她小题大做，她却觉得这是告别"低人一等"生活的唯一方法。

长谷川先生找太太谈了好几次话,希望挽救他们的婚姻,这些谈话却让太太的态度更加坚决。长谷川的太太说:"就连挽留我的时候,他都在说'你不要得寸进尺'、'你到底有什么不满意'之类的话,丝毫没有改变他高高在上的态度。"

长谷川太太提出离婚真的是"小题大做"吗?不同的人有不同的见解,但她的感受我们却能体会:人们最在乎自己的面子,在人多的场合被数落,那种难堪简直想让人找个地缝钻进去躲躲。有的人甚至会为此大发雷霆,甚至和数落自己的人反目成仇。

那么,长谷川先生为什么始终认为自己"没问题"?他的心理是否我们也会有?是的,人们总是过分在乎自己的面子,常常忽略他人的自尊。人们对陌生人,知道尊敬,知道维护对方的脸面,知道什么事要有分寸以免撕破脸;但对身边亲近的人,这种尊敬不知去向,话想到就说,事拿起来就做,完全不顾对方的感受,甚至美其名曰:"因为是你,我才没那么多顾忌,难道对你也要像对外人那样事事小心吗?"全然不觉得自己的态度出了问题。——对他人的尊敬反映了一个人的教养,难道对亲近的人,这种教养就可以忽略吗?

与人交往的时候,我们总是希望尽可能地给对方留下好印象;与人关系亲密时,我们也希望尽可能地多为对方做一些事。但这只是我们单方面的想法和愿望,如果真的想让对方高兴,真的照顾对方的心情,我们最应该想的是对方需要什么。而在生活中,人最需要的莫过于自尊的满足,最希望在自己为难的时候,别人铺设一个台阶,让自己不致摔倒,遭人嘲笑。

所以,还是按照别人的希望来修正自己的行为,练习给别人提供最需要的那些东西吧。有些人说话口无遮拦,根本考虑不到别人的脸面问题;有些人心思不细腻,考虑不到那么多的层面,在这里,总结几条经验以供参考。

杜绝讥讽与嘲笑。打人不打脸,骂人不揭短,千万不要讥讽、嘲笑别人的短处,在别人的伤口上撒盐,在别人失败的时候说风凉话,都是最要不得的行为。

夸奖一个人要注意在场的其他人。有时候你想要赞美一个人,这时候要考虑一下你的赞美会不会伤到另外的人,例如你夸一位女士"真会打扮,不像有些人只会戴首饰,毫无品位",即使你没有话里藏话,戴首饰的女性会非常一致地厌恶你。

替他人打圆场。发现他人处在尴尬的境地,就算他是你平日讨厌的人,也尽量说一些圆场的话,让对方不那么难堪。你给了他人面子,他人日后也会给你面子。

对亲近的人更要注意。亲近的人无条件地给予我们关怀,我们也应该在他们身上用更多的心思。平日说话不要话里带刺,对他们的行为给予更多的宽容,就算他们得罪了你,做错了事,也不要在外人面前让他们下不来台,这就是最好的爱护。

简言之,不论说话还是做事,给人面子,就是给自己留有余地。话别说得太死,事别做得太绝,都是在给自己留余地。将他人的自尊放在高位,并不是贬低自己,只会换来他人的欢喜和感激。记住,给他人提供最需要的东西,往往最不费事,却能达到最好效果。

建议、恳求、平和地交谈，不是命令

> 如果被误解，怪你自己，别怪听众。你才是传达信息的人。
>
> ——罗杰·艾尔斯

费女士自己开公司，老公做副手，手下有将近二十号人。费女士是别人眼中的能人，但就连邻居都不爱多跟费女士说话，因为费女士说话时总带着高高在上的态度，即使她求别人做什么事，也总带着命令的口吻。

例如，她想托家乡的朋友寄点土产，永远都是一个电话拨过去，不管对方是她的亲人朋友还是有点熟的人，一律一句"给我寄点 XXX 过来"，她的丈夫总担心这种口吻会影响她的形象，但她根本不听丈夫的建议，何况，她平时对待丈夫，同样的颐指气使。

让女强人费女士开始检讨自己对人态度的是她的女儿小华。一天在公司加班，小华的班主任打来电话，说小华和班上的同学搞不好关系，她与小华谈了很多次话，小华傲慢、看不起人的态度还是没有转变，希望费女士多多教育。费女士反驳道："我的女儿很听话，这一点我心里有数。"老师列举了小华和同学相处的具体事例，费女士没办法继续反驳，只能说："会不会是因为小华家境好，同学排斥她？"最后，老师无奈地挂了电话。

这件事让费女士大为上心，她开始留意观察孩子的举动，她发现，小华只对她乖巧、听话，对待其他人，总是像个"指挥家"，"爸爸！给我拿饭！""奶奶，我周末去你家，给我做炸虾！"跟同学打电话的时候，总能听到她命令对方"明天把那张碟拿给我"、"周末出来陪我玩"。发现这种情况后，费女士开始教育小华，丈夫说："没用。小华都是跟你学的，你不改，她肯定改不了。"费女士张口结舌，一句话也说不出来。

人与人的关系以互相尊重为基础。尽管每个人都清楚这句话，都常说这句话，但对"尊重"这个词的阐述，却五花八门，每个人都有自己的一套"尊重"。在费女士看来，她并不觉得以命令的口吻说话是不尊重，但在女儿小华看来，妈妈的态度就是"高人一等"的象征，她模仿妈妈，因为这态度，她根本不能去尊重别人。

人和人的交往之中，交流占有最大的比重，特别是双方的交谈，了解、误解来自交谈，朋友、仇敌决定于能否成功沟通，矛盾、摩擦来自于不成功的交谈，没有人能不重视交谈，就算一开始口无遮拦，也会在不断的吃亏中累积出经验，说话前先考虑考虑，"三思而后言"。

但是，说话并不是交流的全部，说话内容并不代表你心中所想的事，有的时候还可能与心中想的刚好相反。不然哪里会有"心口不一"、"皮笑肉不笑"、"口蜜腹剑"之类的词语？人们不但用耳朵在听，还在用眼睛看，用心灵感受。他们不但要知道你说了什么，还会观察你说话的时候是什么口气、什么神态，所以，交谈，没有你想的那么简单。

想想我们平日的交流对象吧。上司命令："马上去做这件事！"我们会马上去做；如果哪位同事以同样的口吻说出这句话，我们会在心里愤愤不平地想："你是谁啊！怎么这么说话！"甚至会耷拉下脸，让对方知道你的不悦；如果家里的孩子以这样的口吻说话，你会二话不说抓起他打屁股，同时大骂："小小年纪就这么不尊重人！马上改！"

从这么一句话上，我们就可以看出自己的态度：这句话让我们不爽。就算说话的人是老板，我们知道自己处在下属的位置，必须这么做，不满的种子仍然在心里扎根。不然，别人说这句话我们的反应为何这么大？可见，以命令的语气说话，会导致人的反感，会给人一种盛气凌人的凌驾感，让听到这句话的人觉得自己"低了一等"。

用这种语气说话的人，并没有意识到这个问题，他们只是形成了习惯。于是，当他们好心好意想给别人建议的时候，变成了命令语气；当他们想让别人做某件事的时候，依然是命令语气；甚至当他们有求于别人的时候，还带着命令语气，好像别人欠了他。于是，他们周围的人要么默默忍受，要么不着痕迹地保持距离，要么干脆大吵一场。直到这时，他们才可能认识到自己的说话态度出了问题。而有些位高权重的人，根本懒得去改。

人与人的良好关系需要用心维持，既然交流容易出问题，就注意一下自己的谈话方式，这并不会降低你的位置，只会让你更受欢迎，让你交到更多朋友。多多留意自己谈话时的神气和口吻，留意你是否遵循下面几种礼貌。

下达命令时，以温情的口吻，而不是严肃的命令。"去把这件事做了吧，我相信你能完成"和"马上做这件事"，前者语气缓和，充满鼓励；后者强硬，没有任何感情温度。多数人都希望自己被期待、被鼓励，而不是被当作一个小兵，一句命令就去冲锋陷阵。

给别人提建议时，建议的口吻好过直白的指示。"我建议你这样做"，然后说明理由，和"你必须这样做"，前者是商量的语气，做与不做，决定权在对方；而后者则变成了命令语调，很容易激起对方的逆反心理。

提出批评时，温和态度好过疾言厉色。"我觉得你这件事做得有些问题"和"你这个白痴是怎么做事的"，前者导入了一个平静的对话环境，可以督促对方反思；后者却"先声夺人"，把对方说得一无是处，让对方下意识地想要反击，想要争辩，这不利于问题解决，甚至会带来你们之间的矛盾，你的好心也容易被当作恶意。

对别人有所要求时，应该不卑不亢地恳求，"麻烦你帮我做一件事"和"你马上去帮我弄XXX"，前者摆明了自己求人的立场，后者显然本末倒置，像是认为对方什么事都应该帮他做，对方的心里可不一定这么想。

　　与他人交流是一门学问，但并不那么复杂。只要有一颗尊重他人的心，认识到他人和自己一样，需要被理解、被关怀，自然会在说话时注意态度，以让对方舒服的方式表达自己的观点。你希望别人怎样对你说话，就怎样对别人说话；你希望别人怎样对待你，就先怎样对待别人，人与人交往，先约束自己，才能要求别人。让自己的言行得到满分，比什么都重要。

距离，受欢迎的秘诀

> 唯有恰如其分的感情才最容易为人们所接受，所珍惜。
> ——蒙田

　　有个小男孩自幼失去一条腿，神怜悯他的不幸，就派出一个天使去照顾这个小男孩。天使很喜欢这个坚强的小男孩，她尽可能地给予帮助，总是在这个小男孩身边陪伴他。难过时，她给他讲故事；伤心时，她用温暖的语言鼓励他；孤独时，她带他走向自然，认识万物，让他重新绽开笑颜……

　　可是，随着男孩渐渐长大，天使和男孩都感觉到一种厌倦，天使希望自己有时间在神的身边聆听神的语言，那是每个天使最向往的事情；男孩不喜欢自己身边时时刻刻有一个天使，让他没有任何个人空间，他偷偷喜欢上班上一个女孩，他想一个人静静看她……终于有一天，天使和男孩大吵了一架，决定不再搭理对方。

可是，天使回到天堂后总是挂念男孩，男孩也总是想念天使的善良和温柔，后来，他们达成一个协议：各自忙自己的事情，定期聚会，彼此说说对对方的想念，自己遇到的麻烦……从形影不离到定期聚会，并没有影响他们的感情，他们的感情因为遥远的距离，因为相处时间的减少，变得更加亲密无间。

形容人与人之间最好的关系，人们喜欢用"亲密无间"这个词。每个人都曾有过亲密无间的朋友，两个人朝夕相处，形影不离，多少年后回想起来，仍然觉得心里暖暖的。且慢，仔细想想，在这种"无间"中，你们真的没有发生过争吵吗？你们真的没有矛盾吗？你们真的没有看对方不顺眼，到想要远离的时候吗？不要因为现实不如回忆美好，就遗忘掉这些东西。你想起来了对吗？你会说："没办法，两个人离得太近，这些事难以避免，这并不影响我们现在的关系！"

是的，所有人都知道，亲密无间会带来一个副作用，两人太过了解、太过贴近的人，在妍媸毕现的状态下，会彼此挑剔，彼此诘责，进而产生矛盾。小的矛盾会因为分离淡化，大的矛盾却可能留下心理上的阴影。所以人们以多少年、多少代的实际经验，总结出一条人与人交往的最高真理：距离产生美。

这条真理适用于任何关系，不信请看例子。

亲子之间最不容易有距离？错，亲子之间的代沟多少时间、关怀也填不平，儿女嫌父母过多地干涉自己，父母嫌儿女不能理解自己的苦心，总是不听话。生活在一起的亲子经常明里暗里相互埋怨。等到有一天，孩子去了外地求学、工作，这关系立时改变。他们完全忘记了对方的难缠，孩子会打电话倾诉委屈，父母会心疼地连连嘱咐。逢年过节，孩子们千里迢迢回家。亲热一番后，父母和孩子又开始互相挑剔，恨不得假期赶快结束。假期结束，又开始舍不得——又要离得远了。看，距离滋生的亲情渴望，超越了朝夕相处。

朋友之间的默契来自于亲密无间？错，朋友之间最容易因距离太近发生矛盾,因为他人的空间,未必想要你的加入,即使你善良、可爱、聪明、幽默,愿意体谅他的一切行为,容忍他的任何脾气,他依然需要一些自己的秘密、自己的时间,他要做自己生活的主宰者,不想把主宰权分给你一半。要不人们怎么会说"君子之交淡如水"?清淡比浓烈长久,有了距离,感情才更能细水长流。

那么,爱人之间总不应该有距离吧?何况过日子的两个人天天在同一个屋檐下,想有距离也不容易吧?错,爱情会转淡正是因为人们不注意距离。如果一个人保有自己的空间,保留一定的神秘感,保有自己的朋友,凡事又有自己的主见,他与爱人就始终是两个独立的个体,保持着吸引力。如果凡事不加掩饰,凡事都由着对方,很容易让对方产生厌倦心理:什么都了解,什么都知道,什么都不必猜不必想,哪里还有激情?爱情会转化为亲情,就是因为人们太不注意相处时的距离感!

所以,别对人太亲近,也不要太疏远。这就是受欢迎的秘诀。不论和任何人相处,都要保持一点距离,别以为这是你的需要,这也是其他人的需要。你的爱人不希望你事事干涉,你的亲人需要你无微不至但不需要你事事过问,你的朋友希望定期联络而不是每天都被你粘着,新认识的陌生人更受不了你交浅言深……距离是对自己的保护,也是对他人的尊重。

距离产生美,美在分寸感

尊重别人的隐私,不打探、不询问,即使出于关心,也不问会令对方为难的问题,亲密不是你的"尚方宝剑",和你亲密,不代表别人要一五一十地对你交代任何一件事。

尊重别人的空间,不要总想制造惊喜,不论何时要与对方聚会,首先问清对方是否方便。要知道你认为的"让对方高兴"、"为对方好",不一定就是对方的意思。

尊重别人的决定,不要因为对方不听你的话而大发雷霆,恳求对方做事,被对方拒绝,也不要耿耿于怀。每个人都有自己的立场,每个人也有自己的为难,不要企图让对方围着你转,感情需要相互的尊重,小小的不如意,不应该影响它的纯度。

有了这些分寸,并把它应用在与他人的交往中,你会发现别人也越来越少地为难你,越来越多地为你着想,你的人缘越来越好,你与他人的关系处于一种不近不远的亲密中。这是你亲自启动的距离按钮,也是你以自己的行为营造的和谐气场,这样的生活,要靠智慧和努力维系,这样的生活也不是每个人都有幸拥有,你要好好珍惜。

第八章

列出愉悦的清单
——生产快乐的方法

　　每个人都在寻找快乐,却总是被现实无情地打击,烦琐的生活,人与人的隔阂,令人悔恨的过去,看不到目标的未来……林林总总的烦恼让人与快乐绝缘。

　　快乐应该是人的本能,不要忘记快乐的感觉,要努力寻找生命中的亮点,以笑声点缀似水流年。能够扼杀快乐的只有我们自己,能够点燃快乐的依然是我们自己。

那些让我们快乐的小事

所谓内心的快乐，是一个人过着健全的、正常的、和谐的生活所感到的
快乐。

———罗曼·罗兰

社会学教授汤森正在请研究生帮他进行一次调研，他想要了解现代人的"快乐情况"。研究生们拿到的调查问卷只有简单的两道问题，一道问题是：你上一次开怀大笑是在什么时候？另一道是：列举能让你快乐的事。调查员们在校园、地铁站、公园递发问卷，愿意接受调研的人大多露出意外的表情，他们对调查员们说："如果有什么结论，请打电话告诉我。"还有很多人提出想要看看其他人的问卷，理由是"想知道别人会为了什么事高兴"。

汤森教授经过一段时期的统计，得出了不容乐观的结果：现代人的欢乐意识越来越少，有30%的人回答"不记得"，另有30%的人的答案可以概括为"很久之前"。

第二个问题的答案却让汤森教授和研究生们大感意外，他们发现，令人们快乐的事几乎都是一些不起眼的小事，包括"家里的两只狗又打架了"、"电视节目上又出现最喜欢的主持人"、"自己做了一份糟糕的黑莓酱"、"女朋友穿了我买的比基尼"、"买了一双漂亮的鞋子"等等五花八门的理由。

"既然人们因为这些小事就能快乐，为什么距上次开怀大笑却隔了那么久远的时间呢？"汤森教授提出疑问。一个聪明的研究生回答："因为他们不觉得这种事值得快乐，他们根本未留意自己笑了，而且不会主动寻找令自己快乐的事。"也

许这就是问题的答案。

人们常常觉得自己生活的不快乐。生活中处处都有不快乐的理由：工作不顺利，感情有矛盾，家务活太多，人际关系出现麻烦，就连上班的公车都离家太远……在不快乐的人眼中，任何事都有不快乐的一面，他们甚至可以为此否定快乐的那一面。

人们总会羡慕小孩子，他们无忧无虑，看到花开了会笑，看到满天星星会高兴，拿到一块蛋糕就能开心一整天，在草地上疯跑就像去了一次迪士尼乐园。小孩子为什么那么容易开心？因为他们简单，他们不会去想快乐背后的事：看到花开不会想到花谢，看到星星不会想到它们离得太远，拿到蛋糕不会想到花了多少钱，在草地上疯跑不会想到这里不是迪士尼乐园。成人不可能再有如此简单的心理。

成人要考虑的事太多了，想养盆花要想想家里有没有地方放、自己有没有时间打理，想看星星又会想明天还要上班不如赶快睡觉，想吃蛋糕会想想蛋糕的成分是否有利于健康、是否会让自己变胖，想疯跑又担心别人把自己当成疯子，他们想得越多，越觉得不快乐。

快乐很难吗？快乐并不难。就像汤森教授实验所揭示的那样：快乐的原因都是一些小事，人们对快乐的要求并不高，快乐的标准也很轻易就能达到。人们最需要的不是快乐的机会，而是他们不去想、不去找、不去延长这种快乐的心情。所以，尽管每一天都有快乐的事发生，人们不是忽略就是过眼就忘，根本不记得自己快乐过。

每个人都想自己快乐一些，在轻松的状态下面对每一天的生活，多数人都觉得自己得不到快乐，其实快乐必须由自己发现，自己记录。有了快乐的心情，一定要想办法记得深一点，让这种愉悦感深入到心灵深处。你可以通过以下三个办法三管齐下,延长快乐。

快乐的时候一定要笑出来

人的心灵是情绪和感觉的平台,每天我们会产生无数种感觉,它们在心灵上方飞掠而过,想要加深某种感觉的印象,最好的办法是身体其他细胞有所行动。就像为一件事哭过,这件事和悲伤的感觉会被我们牢牢记住。为一件事笑,也有同样的效果。当什么事让你觉得快乐,一定要笑出来,以后遇到同样的事,才更容易觉得快乐。

快乐的时候最好说出来

有些人喜欢把感觉放在心里,但快乐的感觉却应该说给别人共同分享。一来,快乐是不会减少的,只会随着分享越变越多,你感染别人,别人也感染你,小快乐就会变成大快乐;二来,当别人知道你会为某件事快乐,就会特别留意这件事,时不时用它为你制造惊喜,你就拥有了更多快乐的机会。

把你的快乐记下来

为自己列一张快乐清单,每天记下那些让自己快乐的事:可能是别人说的一个笑话,可能是在路上看到的一件趣事,可能是吃到了一款新颖美味的冰激凌,也可能是爱人一个生动的表情……当你回过头翻翻自己记录下的东西,就会发现在人生的风雨阴晴中,快乐的心情从未远离过我们,只要把这些稍纵即逝的瞬间记录下来,它们就可以永久回味。

人生是一本厚重的书,快乐就像是其中轻快的音符,快乐需要从生活细微处感受。不要让自己的心灵变得僵化麻木,留意那些让我们快乐起来的小事,保持快乐的心情,这种心情可以稳定我们的情绪,提高我们的生命效率,让我们的思维更加灵活,心灵更加丰富。幸福的人生,不但来自对理想的追求,还来自每一天的快乐。

发现一个快乐的自己

> 一个人成为他自己了，那就是达到了快乐的顶点。
>
> ——伊拉斯谟

一次同学会，古先生发现有些同学十年如一日，没有多少变化，有些人却"改头换面"，让人完全认不出来。

让古先生最吃惊的人是米清，大学时，米清是班上有名的假小子，和男生称兄道弟，一成不变的短头发、运动装，从来没穿过裙子。如今，米清长发飘飘，惹火的身材，恰到好处的礼服，红色的高跟鞋，让人眼前一亮。米清说，她并不是刻意地改变自己，只是充分发掘了自己内心的女人天性，从前，她只当自己是个假小子，根本不相信自己可以"女人"。

薛亮的改变也让古先生吓了一跳。薛亮是大家公认的慢性子，火烧眉毛的关头他都不紧不慢，"那么着急有什么用"是他的口头禅。他对什么事都不在乎，每门功课都能及格，却得不了高分。薛亮还有一个特点是优柔寡断，中午吃红烧肉还是清蒸鱼都能让他犹豫半个小时。如今的他竟然成了一个小老板，说话利落，做事果断，走路像一阵风。薛亮说："以前我太慢了，后来发现，什么事还是抢在头里比较好。"

古先生认为莫莉的改变最有"代表性"。莫莉是个才女，是个弱柳扶风型的女孩，她多愁善感，喜欢在雨里散步，遇到点事就哭。她非常敏感，经常与人为小事争执，争执的结果是她哭，别人不耐烦，这种个性让她不太受欢迎。今晚的莫莉谈笑风生，并且主动说起当年的自己，自嘲说当年的她简直是个公主病，并向当年的室友、同学们道歉。她现在是个记者，经常天南地北地走，说起采访中的趣事，逗得同学们哈哈大笑，大家都说："你真的和以前不一样了。"

古先生发现，他们的"改头换面"其实并未改变他们的志趣和性格，米清依然保持着当年的豪爽，薛亮仍然有平和的心态，莫莉依然善感，在同学会结束的时候差点流泪。他们的改变，只是因为他们找到了属于自己的快乐，让他们生活得更加有质量、有成就。

"我是不是也该改变一下？"古先生这样问自己，他知道很多同学也产生了这种想法。

如果你愿意抬起头来，看看周围，看看那些曾经熟悉的人，你会发现有些人万年不变，更多人却在渐渐改变。就像故事中的古先生，惊讶地看着那些熟悉的人变得有些陌生，又为他们的改变而欣喜。看看别人，想想自己，有没有觉得大家都在进步，自己却停滞不前？

生活，应该是一个发现的过程。应该相信随着环境的改变、能力的进步、思想的成熟，我们每个人都在蜕变，我们的一生不是早就被确定的，我们的形象也不应该是单一的，我们要不断发现自我，这个发现，应该让你更快乐，让你更出众。

当人们厌倦了疲劳苦闷的生活，总想有一种方法作为调剂，他们玩游戏、找乐子，但这些外界的快乐只能带来一时的心理刺激，笑过之后，黯淡的情绪还在，没有得到缓解。快乐难求，因为快乐是内心的东西，内心没有快乐的意识，外界再怎么刺激也只有一时一刻的快慰，想要快乐，需要改变自己的心态。

快乐的心态来自何处？来自我们对自己的肯定，对生活的肯定。对自己不满意的人根本无法快乐，所以必须尝试着改变这种状况，例如，一个内向的人觉得自己不快乐,他总是觉得只要改变自己的性格就能快乐。于是,他开始与人接触,开始放开自己,开始参加各种活动,开始变得幽默有趣,喜欢他的人越来越多,他也开始积极争取各种机会。成为一个外向的人,就是他快乐的方法。

同样是不快乐的内向者,有人拒绝改变自己的性格,而是开始利用内向者深思的特点,从事研究或创作,在努力的过程中,他们也发现了自己的价值,得到了别人的赞同,他们也开始感受到生活中的快乐。可见,快乐不是改变的结果,而是发现的结果,每个人都要明白什么样的自己,能让自己更快乐。你应该发现一个快乐的自己,并牢牢记住这种感觉。那么,怎样才能发现自己?

多尝试没做过的事

"我不会打球""我这种性格肯定不适合养花""我的脸太胖,不适合这个发型""我不敢和外国人说话,所以不去留学"……如果一个人为自己设下种种界限,他的世界将会越来越小,直到生活变为有限的几个内容不断重复,这种乏味自然不能让快乐产生。还有一些人,不论做什么都只做到一半,碰到困难就缩回来,连声说"我做不了",只接触到事物困难的那部分就往后退,难怪接触不到其中的乐趣。

要带着一颗好奇心尝试更多的事物,不论是一种食物、一个发型还是一个新学科,它们都能带给你不一样的体验。不是所有东西都能给你带来快乐,但它们都是快乐的机会,总会有几样让你惊呼:"我怎么没有早一点知道这么好玩的事!"而且,尝试本身就是对能力的发掘,同样可以是一种快乐。

发掘自己的内在性格

每个人的性格都是多层面的,但固定的环境,造成了我们需要用固定的性格去适应。有时候我们发现几年不见的人"变了一种性格",其实那不是改变,而是他一直都有某种性格因素,以前没发现,后来发现了。

有些人习惯严肃,但在私下里,会说说笑话,那些听到的人说:"我觉得说笑话的你更好。"——这就是一个改变的契机;有些人觉得自己胆小,但有那么一次,他大胆地与人争执,甚至与人动手,他突然发现一切都不可怕,从此开始变得胆大心细;有些人做事雷厉风行,生了一场病在病床上躺了半个月,突然发现慢腾腾的步调更让人舒服……要多多留心观察自己,也许有一种行为模式更加适合你。

尝试另一种生活

抱怨生活的人不少,勇于改变的人不多。改变需要风险,所以人们宁可在苦闷中发霉,也不敢打破现有的环境,换一种活法。而且还会十分肯定地告诉自己和他人:"我这辈子也只能这样了。"丝毫不相信有另一种活法更适合他。畏惧改变的人无法得到更多的快乐,他们把生活当成一个固体,只在外观上修补几下,从来不想自己能够变成流动的水,去看看其他的风景。

这种苦闷集中体现在对事业的选择上,多数人对自己的工作不满意,但他们既不敢跳槽,更不敢转行,他们总觉得一切都晚了。其实,学习永远不晚,改变永远不晚,人生有那么多可能,如果察觉到此时的生活完全不适合自己,不如赌上一把,用勇气和努力为自己的人生打开新局面。

每个人心里都有一笔宝藏,等待你去挖掘。在平凡的生活中,最初每个人都有快乐,一旦快乐成为一种习惯,就再也不能刺激自己,所以,我们一定要不断尝试,不断寻找,找到那个最能发挥潜能的角色,最能施展所长的位置,最能放声大笑的场合,只有这样,我们才能明白真正的快乐,才能一生与快乐的感觉相伴。

别把生活全泡在苦水里

> 一个以自我为中心的人总是在抱怨世界不能顺他的心,不能使他快乐。
>
> ——萧伯纳

吴先生评价自己的妻子说:"每一分钟,都会产生让她抱怨的事。"

并不是吴先生对妻子评价低,认识吴太太的人,都知道抱怨是她的一大特点。只要和她有所接触,就会听到她没完没了的抱怨。

早上起床,她抱怨闹钟没响,抱怨丈夫没有预设闹钟,抱怨今天肯定迟到,抱怨没有全勤奖就不能买看中的衣服,抱怨上司不近情理,迟到一次就要扣掉全勤奖,抱怨家离公司太远,抱怨买房子的时候丈夫没有动脑筋,抱怨交通总堵,抱怨不能买车……吴先生在她不间断的唠叨中沉默地洗漱、吃饭,这只是一天的开始。

周六周日,吴先生要听一天太太的抱怨,他不知道平日,太太的同事们是否也要忍受这种"声音攻击",太太的抱怨声经常让他觉得心烦意乱。从前,他试着劝太太,每次都会招来太太更多的抱怨,吴先生终于发现,太太要的仅仅是发泄,她不需要安慰,不需要劝解,不需要别人告诉她解决问题的方法。

吴太太经常说:"我的命怎么这么苦。"如果你反驳她:"你哪里苦?你有自己的房子,不用还房贷;你的工作又不累又有保障;你的老公人又踏实又有能力;别的女人总为婆媳关系烦恼,你的婆婆从不多事,真不知道你哪里苦,真是身在福中不知福。"她会严肃地看着你,然后说:"你根本什么都不知道。"继而抱怨房子

186

在郊区，工作没前途，老公个性闷，婆婆身体不好……谁也无法说服命好的吴太太，只能沉默地听着她抱怨下去，找个借口离开，让耳朵躲个清静。

　　我们是凡人，生活在凡世，品味着人生的种种经历。自古以来，人们就用"酸甜苦辣咸"形容人生，这五种味道中，"甜"只占五分之一，无怪乎人生中快乐的事总那么少，快乐的时间总是转眼即逝，其余大部分时间，我们都在与酸苦咸辣纠缠，其中，这个"苦"字，常常令我们心如黄连，不知为何，生活要有如此多的磨难和痛苦。

　　故事中的吴太太我们并不陌生，这样的人喜欢抱怨，尽管在旁人看来，他们的生活没有那么多值得抱怨的地方，甚至比大多数人要好一些。但是，对他们自己，抱怨是他们对待人生的唯一态度。在人群中，你很容易辨别出他们，因为他们有共同的特点。

　　他们不满足。此时的生活无论怎样，和他们的"理想生活"始终差了几个档次，中间的落差由什么来填补？抱怨。他们抱怨自己的命运，抱怨自己的境遇，抱怨他人，想要借此发泄自己的不如意，引起他人的同情。但这空虚的落差根本不能由几次发泄、几次安慰抚平，于是，他们只有经常性地发泄，时时寻找发泄的机会。这个时候，人们没办法同情他们，于是他们更加觉得自己不幸，他们说自己无人理解。

　　他们看不到快乐。在他们的脸上，你能很轻易地找到不满和忧伤，却很难看到快乐的影子，他们不觉得有什么事值得快乐，即使笑了，随即便想到忧愁和烦恼。他们也不会主动寻找快乐，因为寻找本身就是一个麻烦的过程，找不找得到还不一定，为什么要多惹麻烦呢？何况，他们总觉得自己倒霉透顶，十有八九找不到。

　　他们不积极。不论做什么事，他们都先给自己打打退堂鼓，对别人说："我肯定做不好。"他们觉得以自己的倒霉程度,再好的机会也会变成悲剧收场。他们不肯多努力一些,"反正不会有好结果,差不多就行。"以"差不多"的态度做事,结果往往"差太多"。

他们将负面情绪传递给他人。快乐的机会要自己寻,但爱抱怨的人不会自己寻找这个机会,他们习惯在人群中散发怨气,影响身边那些本来很快乐的人,让他们也开始抱怨,这种怨气不断发酵,形成了一个巨大的怨气场,在里边的人个个愁眉苦脸。

生活如茶,苦涩之后会有回甘,把上好的茶当作苦水来品尝,是一种巨大的浪费。试想,人生的烦恼本来已经嫌多,自己还要和自己过不去,不去找甜蜜,专门挑苦果子,这种行为是不是太傻了? 这样的人眼睛里除了鸡毛蒜皮看不到别的事,又如何改变现状?

何况,爱抱怨的人最喜欢把别人当作情感倾诉垃圾桶,让人避之唯恐不及,即使他们有优点,也完全淹没在抱怨声中;即使他们辛苦帮别人做事,别人的感激也会被他们的抱怨打消一大半。这样的人如何拥有好人缘,如何走好运?

不要总觉得自己苦,别人和你一样苦,甚至比你更苦,你遇到的挫折,并不代表命运对你不公。相反,苦中能够求乐,苦中自有真味。不要把生活当作苦水缸,把自己腌得全身上下都是苦味。赶快跳出来抖抖水,让心灵晒晒太阳,你会发现在水缸中的人永远是浮肿的、病态的,只有在阳光下积极走动的人,才能得到快乐,才能拥有美好的未来。

拿得起放得下,向未来看齐

克莱尔失恋了,她拿起电话,却不知道应该拨给谁,她觉得自己即将死去,急需有个人分担她的痛苦,但又知道谁也帮不了她,除非那个甩掉她的男人肯回心转意,显然,那是不可能的,他现在正和另一个女人沉浸在温柔乡里。

克莱尔请了一天假,她根本不想吃饭,也不觉得饿,她看任何东西都觉得晕,也许是因为哭得太久的缘故。她甚至想要一死了之,来结束这种痛苦。她撕掉了所有和恋人一起照的相片,砸掉了他送给她的礼物,但还是不能让情绪得到缓解。

一天后,她像一具行尸走肉一样去上班,这样的日子整整持续了一个月,她连说话都变得缓慢机械。她不明白为什么当年追求心上人的自己是那么勇敢,如今却如此颓废。她认为自己是个拿得起放不下的人,她宁可自己从来没"拿起"过……

哲人说,人生有两大悲剧:一是拿不起,二是放不下。

想想人一生中要面对的抉择,我们常常充满无奈:在兴趣和学业上,我们常常犹豫不决,不知如何安排时间,更不知将来的志向应该符合自己的爱好,还是一切以切实需要为主;在爱情上,我们往往要面对很多选择、很多诱惑,不知道什么样的人最适合共度一生;在生活上,我们不知该如何调整自己的性格,是严肃一点还是玩世不恭一点……很多事我们"拿不起",因为选择一边,必然要放弃另一边。

细数人一生要经历的不幸与痛苦,我们有理由消沉:当我们长大,就失去了童年的欢乐与纯真;随着我们跋涉的脚步,最初那些亲爱的师长、朋友,都要一一分离,一生都不能再看到几次;我们的恋爱总是充满挫折,兜兜转转,最后携手一生的常常不是最爱的那一个;最爱我们的父母总会先我们离去,让我们再也不能享受到无私的疼爱……有些东西我们一辈子都放不下,只要想到,我们就会觉得疼痛。

在具体的问题上,"拿不起"和"放不下"常常一起出现,我们无法拿起一个放下另一个,就像一个男人不知该在各有千秋的两个女人中选择哪一个。我们反复比较、考量,仍然茫然无解,陷入深深的郁闷。出现这种状态的原因究竟是什么?

一是贪心。每个人都希望自己拥有的东西能多些、再多些,到手的东西不愿意放开,没到手的要一直盯着。即使没用的东西,也希望放在自己的盒子里,别人最好看也别看一眼。这贪心注定了我们在选择时左右观望,在该放手时犹犹豫豫,坐失良机。一个人应该明白,人生有限,生命的容量有限,我们拥有的,只能是一些,而不是全部。贪多嚼不烂,拥有太多只会成为自己的负累,甚至让自己失去更多选择的机会。

二是缺少慧心。人生所能领略的风景,我们所能得到的财富,都只是我们经历中的很少一部分,就像沧海一粟。我们必须接受这个事实。但是,只要我们选择的那一部分,是所有部分里最好的,那我们的生命依然闪亮,正所谓"贵精不贵多"。如何选择这个"精",需要我们不被别人的意见干扰,不被世俗的议论左右,不被残酷的现实击垮,只遵从自己的心意,这样的选择,必然不会让我们后悔。

三是缺乏远见。人们拿不起的是什么？一个糟糕的未来。人们放不下的是什么？一段还算不错的过去。所以，"拿不起"与"放不下"最核心的问题，就是我们无法确定某个事关未来的选择，会带给我们什么样的未来。如果每个人都有远见，都能理性地分析现状，看待问题，清楚自己想要的生活，多数选择并不是一件难事。

归根结底，我们想要生活得更好，就必须向未来看齐，一切以更好的未来为准。失恋的人，想想自己将来的婚姻生活，你会发现你错过的人未必最适合你，否则你们又怎么会错过？失败的人，想想自己将来的宏大事业，如果没有此时的困境给你更多的打磨，让你学到更多的手段，今后你如何支撑大局？每一个优柔寡断、不知如何选择的人，想想你更希望在未来过哪种生活吧，不要说"哪种都不错"，总会有更不错、最适合你的那一种。

一旦我们确定了未来的道路，旅途上该拿什么，该放什么，就会一清二楚，我们会失落、会痛苦，但更多的是对将来的肯定，也会在努力中不断收获，而这些东西，都会给我们带来快乐。可以说，确定的未来，是产生快乐的源泉，每当你向目标更接近一步，就会越发自豪，状态也会越来越好。即使暂时的低谷也不要慌张，因为梦想始终在你心中，生活不论有多少次给予你磨难，就会多少次给予你未来。

多一些宽容,内心便多一分惬意

> 宽宏精神是一切事物中最伟大的。
>
> ——欧文

有个青年在西餐店打工,负责送餐上门。在这家店的所有服务生中,他的工作最累,工资却最低。他要小心翼翼地骑车,为的是不损坏甜点的形状。他要在各个小区穿梭,糟糕的是多数建筑都没有电梯,他只能靠着双腿不断爬楼梯。烈日炎炎和风雨交加的日子,人们最喜欢叫餐,这种天气最难熬,总有送不完的比萨和意大利面。

给客人送餐不是一件简单事,有些客人态度粗暴,有些人点了餐又想不要,有些人会为了抹零钱讨价还价,有些人还会故意捉弄人,留下空地址,让人白跑一趟。青年每天都要奔波,和客人费口舌,他性格温和,从没有表露出不满情绪。

一个在厨房洗碗的农村女孩很羡慕他的状态,问他:"你的活儿那么累,怎么还能整天笑呵呵的? 这几天,前台新来的那个女孩总是装错东西,害你白跑了好几趟,还挨了客人的骂,你怎么一点都不生气呢? "青年说:"我为什么要生气呢? 前台的那个女孩刚开始工作,慌手慌脚是正常的,至于客人,我送错了东西,他们生气也是正常的,我为什么要因为这些再正常不过的事生气? "

女孩说:"我真羡慕你这种状态,每天那么累还笑得出来。我每天要刷几百个盘子,累得腰都直不起来,只想哭,后悔当初没好好读书。"青年说:"你想哭也是人之常情,但总是后悔也不是办法。我也是因为没好好读书,考不上大学才来这里打工。我和你不一样，我对自己很宽容，不去后悔过去。我准备努力赚钱，将来也开一个小店。"

女孩听了他的话，若有所思。后来，她也开始努力工作，不去介意低价的工钱和老板的苛刻，她觉得自己也应该有一个良好的状态，为未来做准备。

在生活中，我们的不快乐，有多少来自与旁人的小摩擦？又有多少来自对自己的责备？多数时候，我们不愿放过那些批评、刁难、折磨自己的人，也不愿姑息自己过去的错误，总在不断地自责悔恨。想要告别这些东西，我们必须学会宽容。只有以宽容对待一切，快乐才会成为可能。宽容有两个方面，一方面是对他人，一方面是对自己。

对他人的宽容显示了你的心胸。人非圣贤孰能无过？就算对方得罪了你，也要给对方改过的机会。何况你未必没有错误，主动检讨自己，好过动不动就质问他人。一个人想要与他人友好相处，首先要学会就事论事，不要动不动耍情绪；还要学会严于律己宽以待人，这样做人才让人信服，说话做事才有分量。

对自己的宽容显示了你的智慧。在我们成长成熟的过程中，所做的糗事、错事不知有多少，有些我们可以报以一笑，有些我们却怎么也笑不出来。我们会不断地自责、悔恨，甚至"一朝被蛇咬十年怕井绳"，这都是不放过自己的表现。一个人如果不能对曾经幼稚、卑怯的自己宽容，就无法面向未来，承认自己的过失，愿意改正过失，才是大智慧。

尽管我们都知道宽容的重要性，知道宽容会让我们与他人的关系更和谐，知道我们的生活能够因为对他人、对自己的宽容变得更美好，但却很少有人愿意总是这么做。我们为什么不宽容？因为我们觉得宽容意味着妥协和退让。每个人都有自己坚持的东西，每个人都愿意表达自己真实的感情，每个人都希望不限制自己的性格。可是，宽容的人必须理解他人，必须忍让他人，有时候还会做出一些违心的决定。

还有人觉得，宽容意味着"吃亏"，他们认为帮助人是让人占便宜，退让一步是忍气吞声，包容他人的习惯是讨好，理解他人的思想是没有原则……他们不愿意为任何事宽容别人，换言之，他们更希望别人来包容他们、谦让他们、照顾他们。这是一种以自我为中心的思想，完全没有考虑别人的感受，以这样的心态和人相处，不会有愉快的结果。

其实，宽容这种意识，如果让我们产生"吃亏"、"不舒服"的想法，并不是真正的宽容，这说明我们在内心深处根本不赞同自己的做法，只是为了和人和平相处等目的才勉强自己去做。即使一时对他人宽容了、退让了，也会把成见和不满牢牢记在心里，早晚有一天会爆发出来。于是，最小的不愉快变成了最大的矛盾。

想要学会真正的宽容，首先要让自己变得大气一点，别把零碎的小摩擦放在心上，也不要总为过去的事斤斤计较，如果人总是向前看，向更高的地方看，过去的挫折也好，身边的琐碎也好，算得了什么呢？吃点亏让别人开心，不也是一种福气？只有这么想，才能真正抚平怨气，周身被真正的愉悦感占据，才能真的快乐起来，乐观地面对生活。

最后要说的是，宽容是好的，但宽容也不能完全没有限度。对人宽容过了头，什么事都说"可以"，别人做了什么都说"没关系"，别人就会拿你当软柿子，轻视并欺侮你；对自己宽容得过了头更是一场灾难，那代表你忽略了自己身上的所有毛病，为每个错误都找了借口，你将不能有任何进步。

宽容应该是一种尊重和爱护，对人对己都是如此，对每个人的尊重和对自己的尊重应该是等同的，不能厚此薄彼；对任何人的爱护都不能变为溺爱，否则就会成为一种伤害。把握这个度与他人相处，与自己和解，你的内心世界将充满阳光和惬意。

倦怠，扼杀快乐的元凶

倦怠乃人生之大患，人们常叹人生短暂，其实人生悠长，只是由于不知它的用途。

——维尼

中年的莱瑟姆先生路过花店，买了一束玫瑰花。他每隔三天就会给妻子买一束鲜花捧回家，这让忙于家务的妻子很开心。花店的老板和伙计们都是女人，她们很羡慕莱瑟姆先生的太太，都希望以后能够嫁一个如此浪漫贴心的丈夫。

莱瑟姆先生的优点还远不止这些。他是一个根雕艺术家，精雕细琢的作品得到了很多行家的赞赏，每件作品都能带来收益。莱瑟姆先生还开了一个根雕教室，以低廉的学费教那些想要学习根雕的孩子。他耐心风趣，给孩子们带去了很多的欢乐。

莱瑟姆先生最近心情不太好，这种心情不好没有任何原因。他既对别人送来的树根不感兴趣，也不愿意在教室里听一群孩子七嘴八舌。他给妻子买花，却不像以前一样期待妻子温柔的笑脸。他觉得自己对生活产生了一种倦怠情绪。那些曾经让他快乐的事，如今全都提不起兴趣。他不明白自己一直拿着树根雕来刻去有什么意义，不明白教导那些孩子有什么乐趣，也不明白老夫老妻还要送花究竟代表什么。

莱瑟姆先生希望找一点刺激，让自己能够重新恢复活力，但什么事都不能让他提起精神。他开始抽烟喝酒，也不去做订单上的工作，也不再给妻子买花。他的家开始变得死气沉沉，所有人都不知道，他到底怎么了，他自己也不知道。

从莱瑟姆先生的情况来看，他遭遇了人们常说的"中年危机"，又名"男人四十综合症"。男人到了中年，身体健康状况下滑，心态转变巨大，对生活、事业、感情全都会产生迷惘情绪，长久以来的价值观随之动摇，遭遇到前所未有的考验，是一种普遍的心理危机。

中年危机的最重要表现是倦怠。对长久以来的生活、对一切抱有怀疑和冷漠的态度，曾经让他们发笑的事，现在他们觉得无聊；曾经令他们为之努力的目标，如今评价一句"不过如此"；曾经让他们全身心投入的感情，如今像是一地饼干渣……他们再也不愿费那么多的心力去维持生活现状，他们对生命感到绝望。

倦怠与绝望的原因是什么？对生活本质的怀疑和退却。许多人努力了很久，得到的东西远远不如付出；许多人达到了目标，握在手中觉得太轻；许多人想着曾经的选择，开始考虑当初选择另外一种生活，才更合自己的心意；许多人麻木了，觉得人生一眼就能看到头，日子像齿轮一样，让人失去激情……单调、乏味、缺乏更高的目标，也不相信自己能做出更多的事，这些情绪加在一起，足以让人倦怠。

其实，等不到中年，我们的心灵随时可能遭遇倦怠危机。不少年轻人，甚至小孩子都已经学会了抱怨"活着真没意思"。年轻人喜欢"为赋新词强说愁"，抱怨这个抱怨那个，自哀自怜，这并不是倦怠的表现，真正的倦怠是连"说愁"的兴致都没有，头脑懒得再思考更多的东西，把日子一天天混过去，稀里糊涂。

以这种心态生活，自然体会不到快乐。他们听到笑话，看到趣事，脸上也会笑一笑，但不会产生强烈的感觉，笑几下就觉得无聊。如果不能及时克制这个苗头，你的余生只能在日复一日的无聊中度过，这种状况不是因为别人，而是你亲手扼杀了自己的热情，扼杀了快乐的机会。所以，必须提早警惕倦怠。防止倦怠，你要做好以下措施。

强迫型计划

每个人的生活都有自己的计划，倦怠的人最大的特点就是懒得为未来打算，计划表一片空白。趁早定下你的人生大计，落实在白纸黑字上，当倦怠情绪产生时，拿出来翻一翻，强迫自己按照上面写的东西做，就算不能激起你的雄心壮志，也能保证你不会浪费时间。说不定哪个环节，你重新认识到了生命的重要，又一次朝气蓬勃。

交流型情感

有隔阂的情感就像一道道墙壁，最后把自己封闭在一个角落，寂寞久了，自然会对感情倦怠。经常与家人、爱人、朋友、身边的人交流，倾诉也好争吵也好，都能让彼此更了解对方的想法。有了感情的滋润，在你倦怠的时候，自然会有人扶你一把，吵你一下，带你找乐子，听你说烦恼。一个被人需要、有人关怀的人最不容易对生活产生倦怠，因为他不仅在为自己活着，还要对所有关心他的人负责。

丰富型生活

无事可做是倦怠的一大表现，如果觉得做什么都没意思，就该检讨一下自己的生活是不是缺了什么。有些人到处玩却没有深厚的感情；有些人忙事业忙得忘记娱乐；有些人只关心自己从不在乎别人……每个人生活中都有缺陷，应该尽量弥补自己缺少的东西，不论在感情上还是生活上，要让自己更全面地去体味，过一种丰富的生活，去尝试更多事认识更多人，你绝对不会觉得找不到事情做。而且，这样的生活，最不易被伤春悲秋的倦怠侵扰。

每个人或多或少有疲惫的念头，但不一定变为强烈的倦怠情绪，以上三条，不过是未雨绸缪。提前准备着没什么坏处，因为时间有时候像个小偷，总想偷走你的快乐，为此，你一定要时刻预防着，自己的快乐，要由自己来保护。

幽默,平淡生活的着色剂

> 幽默是一切智慧的光芒,照耀在古今哲人的灵性中间。凡有幽默的素养者,都是聪敏颖悟的。他们会用幽默手腕解决一切困难问题,而把每一种事态安排得从容不迫,恰到好处。
>
> ——钱仁康

生活中,压力无处不在。小孩子压力小,能够整天开开心心,成人的世界却没有这份悠闲,人们每天都在为理想、为生活、为他人奔波忙碌,累积的压力越来越多。人们总是想找到一个让自己轻松的方法,于是,看笑话,看幽默节目,哈哈大笑几声,成了多数人纾解情绪的重要方法。在笑声中,烦恼会变小,压力会得到缓解,人们重新看到了生活的光明面。于是,幽默成了人们的追求。人们渴望成为幽默的人,喜欢接近幽默的人。

越是长大,我们越觉得世界不是小孩子想象的那么丰富多彩,它越来越趋向于单一的颜色、单一的模式、单一的步伐,生活渐渐变成了一台老旧的座钟,每天每个时刻的内容是规定好的,偶尔响上一下,回音也让人乏味。孩提时的那些游戏我们不能再做,幼时的那些欢笑和欢笑的心境一去不返,想要每天都过得快乐,我们需要找其他方法。

阿青是个活泼幽默的女孩,认识她的每个人都喜欢她,就连进入职场后,她的好人缘也没有因利益的冲突而改变。同事们都觉得与阿青相处是一件轻松愉快的事。

　　人事部经理对阿青印象深刻，她还记得阿青来公司面试的情景。公司效益好福利好，每次招聘，前来应聘的人数不胜数，当年，刚刚毕业的阿青是其中不起眼的一位应聘者，既没有过硬的学历，也没有相关的经验，靠着她的口才和临场应变能力，通过了初试和复试，但最终考核的时候，阿青再也没有优势可言。人事经理礼貌地对阿青说："很抱歉，我想我们公司并不适合你……"

　　阿青没有露出任何失落的表情，反而轻快地说："既然你对我感到如此抱歉，相信你一定愿意多给我一次机会，更加全面地了解我，以表示你的歉意吧？"经理和几个考官都被这个女孩逗笑了，他们互相看了几眼，同时点了点头，重新对阿青提出了几个问题。也许是对阿青的表现留下了极其良好的印象，也许是阿青的聪明让考官们觉得她是一个可造之材，也许是阿青的幽默让他们想要有这样一个同事。最后，阿青被公司录取。

　　和阿青共事过的人都对她有很高的评价，她从不抱怨他人，总是用幽默的话语开解别人，纾缓压力，即使有困难，她也神采奕奕，和她在一起，每天的心情都不错。每个人都觉得，有这么一个同事在身边是一种幸运，他们都很感谢当初的考官对阿青"破格录取"。

　　做一个幽默的人，就是对抗平淡生活的最好方法。如果生活是单调的，幽默就是着色剂，让它重新变得丰富多彩。幽默能够让瓶颈变为机遇，让挑战变为游戏，让干戈变为玉帛，让压力变为动力……幽默的人，就像故事中的阿青那样，比常人有更多的机会，更好的人缘，更积极向上的生活状态。

　　幽默，是愉快情绪的来源。幽默者拥有轻松开朗的心态，对生活中那些琐事，他们总能"幽上一默"，不论当绿叶还是当红花，他们总能焕发自己的光彩，人们都会被他们的笑容吸引。幽默的人大多自信，他们不会把困难看得太重，因为他们最会开解自己,困难算什么? 泰山前的小石块;委屈算什么? 加了盐的水滴,稍微稀释就没味;痛苦算什么? 提神醒脑的兴奋剂……他们有奇思妙想,并用这种思想给暗淡的生活凿开更多扇窗子。

幽默者能给别人带去欢笑。人们喜欢跟幽默的人相处,因为幽默者的言谈举止,总能让在生活中苦恼的人们会心一笑,让他们负面的情绪有一个发泄口,让他们肩头的压力为之一轻。而且,幽默者从来不小心眼,你不小心得罪了他,他非但不介意,还用善意的调侃帮你解围。谁不喜欢和这样的人相处? 这种"无压状态",是人与人相处的理想模式。

幽默者总能遇到好运。不是好运特别青睐幽默者,而是幽默者即使倒霉,也会认为自己撞了大运,他们总会看到事情好的一面,以此宽慰自己。即使家里失火,所有东西被烧光,他们也会发自内心地觉得幸运:幸好人没事。在幽默者看来,运气只有两种:走运和正准备走运。正准备走运的时候,遇到点麻烦困难是正常的,他们随时欢迎运气,也不拒绝倒霉。

愉悦的生活靠自己创造,幽默的心态靠自己培养。多多接触那些引人发笑的人,多接触让人产生大笑冲动的作品。需要注意的是,幽默不是插科打诨,不是要贫嘴,而是包含着对生活的观察和热爱,因此而产生的智慧。有些人天生严肃,幽默不起来,那么至少要让自己能够接受幽默,欣赏幽默、这同样是一种愉悦的体验。

快乐的方法有很多,通向快乐的道路也不止一条,别去钻牛角尖,别总是怨天怨地,生活中有很多快乐因子等待你去发现。宽容、乐观、幽默地生活,让你的日子有笑声陪伴,这就是最平实、最难得的幸福。

第九章

启动引擎，接近强烈愿望
——经营潜能的智慧

　　每一个平凡的人都有无限的潜力，每个人的心灵中都有取之不尽的宝藏，为什么有些人能够打开宝藏的大门，激发潜力；有些人只能庸碌地过完一生？区别只有一个：对愿望的强烈程度不同。有人愿为愿望奋斗，有人只把愿望当作美好的幻想。

　　我们必须重视自己的愿望，即使它看起来遥不可及。愿望是生命中的火焰，照亮前路也照亮自己的内心。坚持自己的愿望，以行动实践愿望，你能够做到一切想做的事。

愿望，必须高于生活

> 生命里最重要的事情是要有个远大的目标，并借才能与坚毅来达成它。
>
> ——歌德

一位成功的推销员正在对他的后辈们传授经验，他说："你想成功？你想与众不同？首先要有与众不同的想法和高于他人的心态，你的愿望必须高于生活！"

他讲述了自己的成功历程。和所有推销员一样，他有一个低得不能再低的起点：没考上大学，找不到体面的工作，好不容易才在一家小公司当了推销员，穿着西装和皮鞋挨家挨户地敲门，面对一次次的拒绝。薪水每周只有五美元，如果没有父母接济，饭都很难吃饱。

在这样的生活中，他没有自哀自怜，而是激发出不服输的意志：我的薪水，怎么能一周只有五美元？我要赚到五百美元、五千美元、五万美元、甚至更多！他把自己的想法告诉父母和朋友，他们用同情的目光看着他，劝他现实一点，不要总做梦。

但他从未放弃这个梦想，他相信，他和那些为每周五美元努力的人绝然不同，他愿意做比他们多数倍的工作，思索比他们多数倍的问题，他所做的一切努力都被老板看在眼里，当年年末，没等他主动要求，老板就将他的周薪升到了几千美元。几年后，他已经成为公司的合伙人，因为老板知道，他的贡献远远大于他的收入。

改变命运需要强烈的愿望，否则就不会有坚强的意志和执着的行动。一个周薪五美元的推销员凭借自己的努力，把薪水变为五千、五万，甚至成为富翁，这样的故事我们不止一次听说，我们羡慕他们的经历，用他们的成功来激励自己，然后无数次地发现，为什么他们说的话是传奇，我们做的事却像痴人说梦？

当我们说出自己内心最深处的梦想，总会让他人投来怪异的目光，我们看看镜子中的自己，也很难想象这样一个普通人能实现梦想。很多人渐渐放弃了最初的念头，甚至嘲笑起当年的梦想，他们的生活也变得平庸，像一团乱麻一样理不清头绪，他们永远不明白为什么有些人动不动就倒霉，有些人却总能碰到好运。

仔细看看这些总是倒霉的人吧，他们的生活状态什么样？

浑浑噩噩，没有固定的目标，非要找一个，那就是这个月的工资能够顺利到手，填饱肚子；因为缺乏目标，他们的生活懒懒散散，做起事来丢三落四，粗心大意。

他们经常在自己不小心做错事之后被人骂上一顿，然后苦着脸说："我怎么这么倒霉？"

经常在忘记预设闹钟起床晚没赶上地铁的时候苦着脸说："我怎么这么倒霉？"

……

而那些总是碰到好运的人呢？他们的生活是怎样的？

他们有明确的目标，已经制定了未来十年的计划，每一次成功不会带给他们太大的情绪波动，因为这是计划的一部分；每次失败会让他们深刻检讨，牢记在心；即使昨天晚上加班到凌晨，第二天上班的时候，他们依然会穿得笔挺，让自己神采奕奕。

他们愿意接受挑战和改变，他们相信"变则通，通则久"。

他们有强烈的时间观念，不会迟到，决不浪费时间。

他们对自己有严格的要求，不放纵也不矫情……

这两种人最根本的区别是什么？恐怕就是前者早已放弃自己的愿望，后者却一直保留,并一直努力。愿望能够从根本上改变人的精神面貌,改变人的生活,改变人的生命轨迹。命运究竟是由什么决定的?对那些有能力有头脑有毅力的人来说,命运是由愿望决定的!

所以,看看一个人有什么样的愿望,再看看他是否努力,就能知道他未来大概的生活状况。那些只希望自己比现在好一点点的人,他们的未来就是安守本分、过着安稳平淡的生活;那些希望一展宏图的人,他们的未来肯定会有大风大浪,甚至有一败涂地的可能;而那些经常做梦却不努力的人,他们会比一般人生活得还差……所以,必须妥善选择自己为之奋斗的愿望,因为它关系到你的未来格局。

关于未来,每个人都有不少想法,想法有时候一闪即过,类似"发梦"。还有一些能够成为生活的目标,并且令我们踏踏实实地着手准备,为之努力,这些想法才叫愿望,才是梦想。那么,如何确定属于自己的愿望? 每个人都有自己的标准,有人重视爱好,有人重视现实,有人重视他人的期望,最重要的是,我们要把愿望定在生活之上。未来,必须比现在更好,好上几倍、几十倍。

看看古代贤人们的梦想,他们梦想修齐治平,即修身、齐家、治国、平天下,我们也可以延伸一下它的含义,套用这个模式。初步愿望是"修身",提高自己,不论是品德还是能力,让自己成为可造之材,才有可能迎接命运的一次次挑战和机遇;然后要重视家人,重视身边的人,与他们友好相处,产生良性互动,营造一个和谐的周边气场,这些可以称之为"齐家";"治国"和"平天下",在当今的含义就是努力经营自己的事业,不但发展自己,也能造福更多的人,如此一生,可谓圆满无憾。

每个人都曾有许许多多愿望,又因为现实、因为个人抉择、因为怠惰不断地放弃。于是人生也在放弃中变得缺少光彩,变得充满遗憾。从今天起,重新重视自己的愿望,每个人都应该追求更有意义的活法,更有价值的生命。愿望,就像生命的引擎,让我们走得更远,飞得更高。

在灾难中崛起，专注于现实的激情

> 故天将降大任于斯人也，必先苦其心志，劳其筋骨，饿其体肤，空乏其身，行拂乱其所为，所以动心忍性，增益其所不能。
>
> ——孟子

德国天文学家开普勒，发现了天体运动的三大定律，这位发现宇宙规律的人，一生命运多舛，他的经历，让所有听到过的人潸然泪下。

开普勒出生的时候，和所有人一样是个可爱的婴儿。没多久，一场天花让他险些丧命，好不容易抢救回来，天花在皮肤上留下了可怕的印记，他变成了一个麻子。后来，他又患上了猩红热，毁坏了他的眼睛。

幼年的不幸结束，他开始上小学，他对天文学产生了浓厚的兴趣，可是，没几年，他的父亲便负债累累，再也不能供他读书。他只能在自家开的小客栈里做帮工。

家里的经济一直没有起色，开普勒成年后，也只能娶一个寡妇成家。新婚并没有为他带来转机，却让他的经济负担更加沉重。妻子生下两个孩子后，因病去世，开普勒被现实打击得几近崩溃。他就在这样的绝望与贫穷中，一直坚持着自己的研究，取得了巨大的成就，把自己的名字载入了史册。

人们常常用"逆水行舟"比喻人生的处境。当我们立下志愿，雄心勃勃地向目标出发时，突然发现前方不是鲜花坦途，而是大大小小的困难一股脑地向自己扑来。一帆风顺？那是不可能的。风浪的颠簸还算小事，有时候更有打头风，直接折断桅杆，吹破船帆，让你孤零零地在惊涛骇浪里打转，手足无措。

开普勒的故事我们并不陌生，我们不止一次地听过某个名人身心受到极大创伤，却不愿向命运屈服，克服常人难以想象的困难取得令人敬仰的成就。

不幸降临的时候，不会与我们打招呼，它总是以迅雷不及掩耳之势到来，试图恐吓你、打垮你。人们面对不幸，痛哭、发疯，长久沉浸其中无法振作，然后才开始面对它、正视它、接受它。不论如何，能够做到"接受"就是一种进步。

灾难有多少种类？我们很难数清楚。有些是环境灾难，一颗有志之心被环境打压，每燃起一次，就被一瓢冰水当头熄灭；有些是身体灾难，像海伦·凯勒只能在黑暗无声的世界孤独地抗争；有些是情感灾难，亲人离世，朋友背叛，爱人移情，每一种都能让我们顿时失去心灵一大支柱，变得多疑而悲伤；有些是生存灾难，发现自己失去生活来源，根本不知道如何将日子过下去……幸好，人是最有韧性的动物。

面对灾难，人所展现出的崇高气节、坚韧品性、顽强精神，每每体现出生命的尊严和价值，也展现了生命的无限可能性：别以为灾难是结束，除了死亡，一切都不是结束。只要有勇气，人能在任何情况下重新开始。失聪的贝多芬继续创作交响乐，失明的博尔赫斯继续写诗；瘫痪的斯蒂芬·霍金继续他对宇宙的痴迷……灾难是巨大的考验，但在灾难中，也会有不朽的成就，不必惊叹，谁都有不朽的能力，关键在于愿不愿意发掘。

与那些遭遇大难的人比起来，我们是幸运的。我们不必身残志坚，不必卧薪尝胆，不必破釜沉舟，我们只需要对自己的理想有足够的勇气和专注。甚至可以说，看到那些从灾难中崛起的人，我们应该觉得惭愧，我们有比对方更好的条件，更幸运的经历，却不能望其项背。而且，我们常常为了一些小悲伤、小灾难伤感沉溺，不能自拔。

但是，也不必过分苛责自己，因为每个人都希望自己能够一帆风顺，突然发现船翻了，路不能走了，会彷徨、会哭泣也是正常反应。关键是在灾难过后，要学会告诉自己人生还长，我们并没有失去一切。我们需要面对现实，重新认识现实。

接受一个面目全非的现实是一件艰难的事。我们需要改变思想状态、生活状态，现实发生变化，我们也要随之调整，这调整必然带来对往日的怀念，对命运不公的抱怨，对未来的迷茫。但是，不去调整，就只能在灾难中继续打转，直到被它吞噬。

能战胜这一切的是对生命的激情，对生活的激情，对未来的期望。没有人会永远生活在灾难中，我们仍然可以从低谷走向高峰，即使这需要我们付出更多的辛苦。有人憎恨灾难，有人遗忘灾难，有人感激灾难，他们在重新站起来之后都承认，灾难给人们带来的不只是伤痛，还有人生中最珍贵的财富：在灾难中，我们发现了自我，坚忍顽强的自我，并不断告诉自己：最强烈的愿望与激情，不应该在岁月中失落。

患得患失，机遇的大敌

毫无理想而又优柔寡断是一种可悲的心理。

——培根

老张年轻时，觉得自己的工作没有挑战性和发展空间，曾经去一家私人杂志社应聘，杂志社的总编还有老总都对他很满意，打了三次电话希望他去工作，这时，他迟疑了，因为私人杂志社意味着风险，而自己现在的工作，是个"铁饭碗"，任何时候都不会有失业危险。思前想后，他还是没有去杂志社工作。

工作几年后，一位朋友想要在家乡开一个工厂，急需资金。朋友知道老张有一笔存款，就和他商量合伙开这个工厂，并详细介绍了工厂的情况和未来的蓝图，老张听了心动不已。但他又担心把自己所有的钱投进去，最后一无所得，让自己身无分文。最后，他拒绝了朋友的邀请，仍将自己的钱放在银行。

再后来，老张还曾遇到过一次进修的机会，但他觉得脱产两年去拿一个学位，未必有用，还会耽误自己的晋升和收入，于是把名额让给了单位的一个年轻人。那一年，市里想要提拔后备人才，本来看中了老张，最后因为他的学历低而选了其他人，老张后悔不已。

如今，当年的杂志社已经成了国内首屈一指的大杂志社，当年邀请他开工厂的朋友已经把工厂开到了海外，就连那个得到进修名额的年轻人，也已经成了市里的领导,老张仍然做着没有挑战性和发展空间的工作,他知道,自己的一辈子恐怕只能如此了。

机遇经常在人犹豫的时候一闪而过,让人遗憾不已。更可怕的是,人一辈子能遇到的机遇并不多,它闪过去,就再也抓不住。所以人们总是强调:成功需要果断。可惜,不是所有人都有果断的个性,在机遇面前,他们经常瞻前顾后,左右摇摆,有的人更是希望这机会从没出现过,就不会造成自己抉择的痛苦。那么,患得患失的心理来源是什么?

人们对"安全"的追求

安全感对每个人都很重要,安全感虽然是一种心理状态,却在多数时候表现为外在的东西,例如,物质生活是否充裕,个人生活是否稳定,与他人关系是否牢固。在人的安全感构成中,人们对安稳生活的需要远远高于其他。一间可以居住的房子,一个可以拿薪水的工作,可能还要加上一个可以支撑自己的家庭,构成了安全感的基础。

正因为安全感得来不易,人们很怕打破现有的局面,因为那意味着自己有可能面临贫穷和颠簸不安的生活。于是,人们很难放弃现有的工作,去做新的尝试。即使觉得自己得到了机遇,也不敢"跟着感觉走",这让他们进退两难。

人们对自我能力的不自信

多数人越是成熟,思维越呈现僵化趋势,他们不再有斗志,不再有激情,不再有自信。他们认为自己过去没有努力,或者努力了也不过如此,就下结论说自己的一生都不可能有什么突破。于是,他们面对机遇时最大的顾虑,就是对自己的不自信。他们总会给自己找各种借口,说服自己不要做梦,不要不切实际,即使做了也不会成功。他们宁可放过这个机会,也不愿给自己并不精彩的生活中,增加一次新的失败记录。

人们权衡能力的不完善

当面对两种不同的选择时,有人干脆利落,想也不想就拿起最想要的那个选项。更多的人必须反复比较,才能确定哪个更好,一直没有决断,就造成了患得患失的局面。就像一个男人面对两个求爱的美女,一面有齐人之福的美梦,一面知道这不可能,必须选择一个;一面觉得 A 是热情的红玫瑰,一面觉得 B 是贞洁的白玫瑰;一面与 A 依依不舍,一面与 B 缠缠绵绵。没几天,A 和 B 发现真相,同时给这男人一巴掌——什么都想要又什么都没得到,这就是患得患失的人经常面对的冰冷现实。

分析完原因,再说说如何告别优柔寡断。想要变得果敢进取,就要尽快重新定位自己的人生。在机遇面前,你应该学会选择自己更向往的那种生活。审视你现在的生活,你应该能构想出未来如何,那种未来是不是你最需要的? 再想想你的机遇,机遇所带来的成功或失败,你能接受吗?

犹豫是愿望的大敌,是机遇的大敌,不要长期在取舍之间犹豫不定,世界上没有完全的选择,每一个选择必然伴随着一些失望和失落,只要大方向是对的,结果是好的,这些全值得。机遇不会等待你,想要改变,你需要更多的勇气——接受失败的勇气。不妨用这样的话激励自己:在你还输得起的时候,告别犹豫,尝试更多的事,输了大不了回到原点!

丧失自我是一场人生灾难

> 你应庆幸自己是世上独一无二的，应该把自己的禀赋发挥出来。经验、环境和遗传造就了你的面目，无论是好是坏，你都得耕耘自己的园地；无论是好是坏，你都得弹起生命中的琴弦。
>
> ——卡耐基

一位作家面对一屋子的烟头和空酒瓶唉声叹气，今天，他又收到了退稿信，这已经是这个月的第十一次，他不知道这种"被枪毙"的命运还要持续多久。这时，门铃响了，邻居家的吴先生走进来，看到一室狼藉，不由得问这位老邻居遇到了什么烦心事。

"我是个倒霉的人。"作家说，"八年前，我签下这个公司当作者，一直想找机会出人头地。可是，刚进公司，发掘我的编辑就辞了职。为了迎合新编辑的喜好，我开始写奇幻小说，摸索了一两年，刚刚有点起色，这个编辑又走了。新来的编辑最喜欢的是都市言情，我只好再一次改变自己的文风……我还写过科幻，写过穿越，写过奇幻，我明明已经努力地研究编辑和读者的口味，但还是不能出头。"

吴先生一直认真地听着，这时终于忍不住问道："那么，你自己最想写的东西是什么？别人想看的，其实是你的东西，而不是迎合别人口味的东西，你连自己的风格都没有，又怎么能出头呢？"

失去自我是一件最可怕的事，这意味着你很难受到别人的尊重，很难受到别人的重视,更重要的是,失去自我的人只能按照别人的意思来安排自己的人生,他们没有自己的愿望,或者说,就算曾有什么愿望,也被他们遗忘。在生活中,因他人而改变自己人生志向的例子屡见不鲜,大多因为以下三种原因。

他人的愿望

人很难拒绝关心自己的人的要求,父母、亲友、爱人一再恳求自己做某件事,即使这件事有违自己的意思,因为不想看到他们伤心,不想令他们失望,只好勉为其难地去做。多数情况下,这样做的结果并不好。一个人并非心甘情愿做某事,即使做到了,也难免心存怨怼;做不到的可能更大,不但当初提愿望的人大失所望,自己也会懊恼当年没有坚持自己的道路,有时双方还会彼此埋怨,心生怨恨。

他人的怂恿

"我认为你适合做 XX。""你选这个男人肯定错不了!""你换这个发型试试吧,一定很漂亮!"他人的怂恿在生活中无处不在,人难免优柔寡断,难以取舍,有了他人的怂恿,能够让自己坚定信心,所以,我们都很喜欢询问他人的意见。但是,他人不能对他的提议负责,他只负责说出这句话,还有可能是在敷衍你,如果你不加判断听了他人的话,只能自己吃之后的苦果,责怪那个提议的人,他会对你说:"我只是提个意见,你这么大个人,连判断力都没有吗?"是啊,你自己的选择,只能由自己负责。

他人的偏见。

"你做这行肯定不行。""你也就能当个小职员,怎么可能成为大律师?""你穿红色礼服?哈哈,你想搞怪吗?"这一类的话在我们的生活中也不少见,有些是出于诚心的告诫,有些是出于善意的挖苦,有些则是别有用心的打压,你总会被这些充满偏见的语言刺伤,进而怀疑自己想做的事,甚至放弃自己的决定。这时的你是愚蠢的,你连自己究竟为谁活着都忘了,你的人生还有什么前途可言?

丧失自我是一场灾难,丧失自我的人从此只能活在他人的眼光中,或者听从他人的安排，或者迎合他人的喜好，或者做着多数人都在做的事，找不到任何乐趣。为什么那么多的人会说："我不知道自己为什么要做这件事，尽管这件事是我选的。"就是因为他们在选择的时候没有坚持自己的意思，而是盲从了他人。

说理想，说愿望，首先要保证愿望的属性。愿望应该是自己心里最想做的事，而不是别人想要你做的事。也有一些稀里糊涂的人，因为常年做着别人希望的事，也的确过着安稳的生活，于是就再也分辨不清这种生活究竟是不是自己想要的，偶尔细想，觉得这样的生活也很好，愿望一事，不过是年少时的幻影罢了。那么，如何确定自己究竟活在哪一种愿望中？

问问你自己的内心吧。真正的愿望是能让你想到就觉得美好、温暖，甚至热血沸腾的，能让你愿意放下一切为之努力。而他人加给你的愿望，尽管也有光明的前途、远大的蓝图，也能让你产生雄心，但这种雄心只是为了挑战，为了证明自己，不会让你由内到外觉得激动。自己的愿望，会让你像煮沸的水，而他人加给的愿望，却让你像温开水。

人生最大的乐事就是实现长久以来的愿望，那会让你肯定自己、肯定生活，全身上下都觉得喜悦、舒适，并忘记一切不快。你体会过这种感觉吗？如果没有，那就要看看你还算成功的生活是不是出了什么问题，你是不是在某些方面，遵从了别人的心意，而放弃了自己的愿望？要记住，人生是自己的，你不能永远为别人活着，那些真正让自己开心的事，真正让自己满足的愿望，必须坚持到底。

借助他人发现自己

> 多听,少说,接受每一个人的责难,但要保留你的最后裁决。
>
> ——莎士比亚

一家公司的后勤部门正在开年终会议,每年的年终会议除了总结工作、发奖金,还有一项重要内容就是"互助评价",这个名字是后勤经理起的,负责后勤的员工都觉得很形象。

评价是这样开始的:二十名员工(包括经理本人)每人手中一台电脑,以匿名方式写出对其他人的具体评价,包括自己欣赏的优点和对对方的建议,最重要的是一定要指出对方的不足之处。经理特别强调评价必须真实客观,不能说些客套话走过场,而匿名制,也保证了收到评价的人不会对直白尖刻的评价者怀恨在心。

最初的几年,与会者根据他人的评价改变自己的工作方式,以做到更有效率。后来,他们突然发现这种评价还有一个好处,就是总能在他人坦率的评价中发现自己的优点,对自己更有自信。

例如,做搬运工作的李先生一直觉得自己是个毫无特点的人,在公司服务了十几年都没有升过职,在评价中,他发现所有人都对他发明的一套搬运方法赞不绝口,说他传授的堆放物品、利用空间、活结死结并用的打结方法节省了大量力气,夸他是个天才。李先生受到启示,将自己多年的经验整理成一本书,竟然被出版社看中出版!现在,李先生每天都在研究如何更加省力,他还被一家快递公司高薪挖角——这种结果，是后勤经理始料未及的。

前面说过，一个人必须坚持自己的愿望，不能被他人左右。人生的大方向的确需要自己来决定，但在行进的过程中，很多细节问题，却万万不可刚愎自用，根本不听他人的意见，否则就不能及时发现自己的问题，越走越弯，离目标越来越远。这是因为，一个人很难完全认识自己，所以常常做出错误的判断，只有旁观者才能看得清楚。

有些人喜欢美化自己。他们认为自己是个天才，想出的主意是全天下最好的，提反对意见的人都是蠢蛋。如果这主意行不通，那也是别人不懂欣赏，或上天和自己开玩笑。他们都很自恋，从不反思自己。一旦他们的意见与事实不相符，他们就开始学着把责任推给别人。他们很难取得进步，因为他们总认为自己才是对的，拒绝一切意见。

有些人习惯贬低自己。他们会对身边的人说自己能力差，做什么都欠火候，希望得到他们的谅解与包容。他们习惯性地拒绝挑战，认为自己只适合最简单的事，无法承担任何有难度的任务。他们在烦恼面前总会垂头丧气。他们不了解自己，也不了解别人，只是依照惯性生活，活得没有目的。

前面说过，愿望必须是自我的愿望，才能真正实现心中的希冀。可是，有些人根本不了解自我，既不知道自我在哪个层次，有哪些优点和缺点；也不知道自我想要什么；更不知道自己究竟适合做什么，适合过什么样的生活。所以，确定愿望之前，恐怕还要加上一个步骤：认识自我。

如何认识自己？可以回忆一下自己的童年。人的性格、志向从很小时候就显出端倪。想想小的时候家人如何评价你，他们觉得你将来适合做什么，你会有不一样的发现。也许你发现生活中沉闷的自己，小时候是个开心果，非常有幽默细胞。你惊讶吗？不用惊讶，这细胞迄今还睡在你体内，赶快把它重新发掘出来，打破你死水一样的生活。

　　童年时你希望自己成为一个什么样的人？如果都是些天真的幻想，那就想想少年时候，那时候的愿望最为纯洁。再看看如今的你是达成了愿望，还是远离了愿望。想要实现它们，需要做哪些事？生命中有许多愿望在岁月中遗落，你弥补一件，即使感觉不同，也少了一份遗憾。而在弥补的过程中，你的生命又拼上了一块，变得更加完整，你也会更加明白自己内心的渴望。

　　如果认为自己的阅历不够，判断力有限，不妨借助他人的智慧。听听别人如何评价你吧。每个人都想知道自己在他人眼中究竟是什么形象，每个人又都怕从他人口中得到评价，因为别人说的话，十有八九不是自己想听的。即使说了自己想听的，十有八九是客气话。你需要有诤友、有损友，才能听到真话。

　　请那些有阅历的人提意见也是一个好办法。人的阅历是岁月的礼物，即使坐在街角晒太阳的暮年老人，也有你不具备的眼力和判断力，他们的话，有时准得令人惊讶。而且，他们不会故意欺骗一个年轻人，只要真心询问，即使可能会得罪你，他们也会把想到的一切和盘托出；此外，当你进入某一领域，也可以多问问这方面的权威们，综合他们的意见，得出对自己的评价。

　　留意他人对自己的评价。每个人都需要在这方面动点头脑。信息的渠道有很多种，有些人会主动告诉你别人的评价，有些则需要你"套套话"，要及时了解别人如何议论你，才能及时改正缺点，保留优点。至于那些捕风捉影的闲话，不必理会。要记得日久见人心。也不要对那些喜欢说你闲话的人怀恨在心。谁人背后无人说，谁人背后不说人。

　　借助他人的评价，你可以轻易地发现自己的优点和优势，当然，旁人毕竟是站在一个旁观的角度，得出带有个人印象的判断，准确不准确，还有待你的检验。但要相信群众的眼睛是雪亮的，当多数人都觉得你具备某种品德、你适合做某件事、你适合某一种生活，你不妨按照他们的建议，仔细体会一下，也许就会发现自己也忽视的东西,进而确定你的愿望和目标。

借助了他人的评价,也别忘了学习如何评价他人。当他人需要你的帮助时,不要吝啬只说客套话。真心实意地说出你心中的感觉,你说的不一定是对的,却一定会对他人有所帮助——帮助别人确立愿望,你做了一件大好事!

不做口头上的梦想家

> 上天永远不会帮助不动手去做的人 。
>
> ——索福克勒斯

有个人在教堂里祈祷,他对神说:"这么多年来,我是您虔诚的信徒,我敬爱您,遵从您的指示,看在我对您忠心的份上,您能让我中一次彩票大奖吗?"这样的祈祷连续好几天,这个人愤怒地说:"我这么热烈地恳求,你竟然无动于衷,真是铁石心肠!"

神无奈地说:"不是我不帮你,可是,你总要先去买一张彩票吧!"

这是一个广为人知的笑话,笑那些怀揣梦想却永远不肯行动的人。还有一个很形象的比喻:幻想的巨人,行动的矮子。这些"矮子"的心中永远有美好的梦想,他们只要在梦中陶醉一番,就能暂时忘记现实,就能麻痹自己。他们经常受到别人的嘲笑,可是,他们至少也有一个优点:比较乐观,什么样的现实都能笑呵呵地麻痹自己。

但是,他们的快乐是虚幻的,他们在梦中成了富翁,成了名人,成了英雄,成了人人追捧的美女,醒来后面对一无所有的现实,那种冰冷失落的感觉,也只有他们清楚。他们只有再一次去梦中寻找自己的人生,沉醉一番,他们知道自己被人嘲笑,但无力改变现状。

我们都曾是口头上的梦想家,跟别人说自己以后想做什么,会过什么样的生活,或者近期有什么计划,会有怎样的行动。我们都曾听到别人称赞"有志向"、"有想法"、"真羡慕",回头看看,那些大梦想小梦想,实现的寥寥无几。我们天生有做梦的能力,却又被惰性控制,不愿多走几步,所以始终在遗憾中怀念曾经的梦想。

两个大学生即将毕业,他们在铁道边散步,看着一列列火车飞驰而过,心中涌起了离愁,也激起了雄心。杰克说:"我想开全国连锁的杂货店,销售全国各地的好东西,让人们在家门口就能买到遥远地方的食物和手工品。"汤姆说:"我没有你那么大的志向,我只希望攒钱开个咖啡店,亲自给客人煮咖啡。"

两个人依依惜别。十几年后,杰克出现在汤姆所在的城市,高兴地对他说:"我的杂货店终于能开到你所在的这座城市,为了纪念我们当年的心愿,我想要把位置选在你的咖啡店旁边。"汤姆目瞪口呆,惊讶地看着这位熟悉又陌生的客人。如今的他只是一个普通的工人,早就忘记了当年开咖啡店的梦想。看着这个昔日的朋友,他百感交集,突然觉得自己浪费了大好的时光,他不禁失声痛哭。

梦想与行动脱节,留给人的只有悲伤和对自己的惭愧。人生短暂,每个人都希望有所作为,尽管现实中有那么多的不如意,只要愿望能够达成,就是一种成就。可是,人们常常在现实面前忙得遗忘了曾经的自己,偶尔回首过去,想到那么多的心愿没能实现,顿觉人生的无奈。所以,人们总是用这种切肤之痛的教训告诉别人:想做什么,趁年轻赶紧做。

梦想并不是用来说的,口头上的梦想说得再漂亮,也当不了实际,不能为你带来任何好处。甚至当你落魄时，还会沦为他人的笑柄。更多有志向的人选择把梦想放在心底，默默努力，直到一步步达成目标。心底的那份喜悦，只有他们自己知道。

行动有时候只是需要你朝着梦想的方向迈出第一步，剩下的事就会顺理成章，努力也会成为惯性，人生会围绕着梦想开始旋转。糟糕的是，很多人连第一步都不肯迈，或者迈了一步就不肯继续迈第二步，下面详细说说这种情况产生的原因，以供参考。

拖延心理

"明天再做吧！"是典型的拖延心理，他们觉得麻烦，觉得懒，觉得提不起精神，一定要把事情拖到不能再拖的时候才肯行动。而梦想却不是别人强制的，随便他们拖到什么时候都可以。于是，明天拖到下个月，下个月拖到明年，梦想永远是梦想。这样的人，应该经常读读那首有名的《明日歌》：明日复明日，明日何其多，我生待明日，万事成蹉跎。

自我否定心理

梦想的产生，有时候是一瞬间的事。有的人看到别人穿了一件漂亮衣服，就立志当服装设计师，这个梦想可能被实现，也可能下一秒就被忘记。梦想未必能成为志向，有了梦想，人们会不断考虑这个梦想适不适合自己，有没有可能做到。考虑来考虑去，梦想被自己弹劾，自己仍原地踏步。其实，与其一次次自我否定，不如下定决心去做一件事，好过一无所有。

畏惧心理

有些人不是"行动的矮子"，他们有了梦想，自信满满地踏出一步，突然他们大惊失色：原来困难这么多，原来道路这么远，原来自己根本不像想象中那么能干。于是，他们迅速撤回伸出去的脚。他们是一群胆小鬼，经不住任何打击，也做不出什么成绩。须知世界上任何事都需要克服困难，历尽艰辛，想要不劳而获，只能做白日梦。

能力欠缺

这是梦想者经常面对的问题,他们有梦想,有决心,但不知道该如何迈出第一步。茫茫然做了很多尝试,却还是没有入门。他们怀疑自己是否不被梦想接纳。其实,这只是方法出了问题。对梦想,需要一定的了解,也需要制定全面的计划,才能有的放矢,让每一步走平稳。先去了解你想做的事,问问有经验的人。梦想从不排斥任何人,但你要找准钥匙。

梦想是用来实现的,而不是用来炫耀的。别把它挂在口头上,也别随便对人说出梦想,你需要做的是不断地行动,只有行动,才能让生命真正运转起来,因梦想而发光。

他人的反对票,左右不了你的人生

> 无论是美女的歌声,还是鬣狗的狂吠,无论是鳄鱼的眼泪,还是恶狼的嚎叫,都不会使我动摇。
>
> ——恰普曼

美国有个电视节目专门采访成功人士,这一周的嘉宾是来自德克萨斯州的一位有传奇色彩的农场主。他出生在平民家庭,只受过小学教育,起初就在家乡附近的农场里打工。谁也没想到,二十几年后,他也成了一个拥有土地和财富的农场主。

谈话有条不紊地进行,农场主说了他的创业经验,和所有成功者一样,他的经验同样是苦干加动脑。这时,主持人问了他一个问题:"对你一生影响最大的人是谁。"农场主说："是我小学时的老师,我一直记得她。"

农场主讲起了幼时经历的一段往事。那时候,他们全家刚刚搬到德克萨斯州,他读小学二年级。一次,女老师要求学生们以《我的未来》为题写一篇作文。他在作文中写道："长大后,我就是德克萨斯州最有钱的农场主。"文章交上去后,女老师叫他去办公室,对他说："你应该有合乎实际的人生目标,而不是好高骛远,胡思乱想,看看你的同学们写了什么,教师、医生、护士,这些才是踏实的愿望。现在你把这篇作文拿回去重写,明天交上来。"

农场主从小就很倔强,第二天,他把作文原封不动地交了上去,女老师看了后很生气,对他说："你这个孩子怎么这么不听老师的话? 我听校长说,你家里连学费都交不齐,你的成绩又不好,你怎么可能成为一个大农场主?"尽管老师一再要求,他就是不肯重写。没多久,女老师调到其他学校执教,但这件事久久地印在他幼小的心灵上。

因为家里贫穷,他终究没能读完小学,就开始在附近农场当工人。他始终记得那位女老师嘲笑的态度,以及她说的那句"你怎么可能成为一个大农场主?"这句话就像一条鞭子,促使他比其他人更努力。

"那么,如果你有机会再次见到这位老师,你会对她说什么?"主持人问。

"我会感谢她,她的话的确伤害过我,但没有这种伤害,我也许会成为一个得过且过、安于现状的人,是她的嘲讽,坚定了我的决心,成就了现在的我。"

当说出自己的愿望的时候,总会有人或嗤之以鼻,或忧心忡忡,他们认为你根本达成不了这个愿望,认为你的愿望太空太大,认为你不具备这种能力,他们用各种各样的理由说服你放弃,幸好,你并不是在参加选举,他们的反对票影响不了你的决定,能决定愿望的只有你,你不放弃,谁也拿你没办法。

不过,想要下定这个决心并不容易,因为那些反对的人看上去比你更有信心。有时候反对你的人是某方面的权威,他肯定地告诉你:"你肯定不行。"有时候你还会想,不能辜负他人的好意,反正自己选择的道路有风险,他人安排的道路有保障,干脆就听从他人的意见吧。于是,你成了你自己的反对者。

如果你问问身边人的经历,就会发现他们的愿望也曾经被很多人反对,没有一个愿望曾被他人一致拥护。还有这样一个规律:越是成功的人,反对者越多,愿望与阻力简直成正比,愿望越大,周边阻力就越大。这个时候究竟要如何说服周围的人? 不要说服,对自己说一句但丁的名言:"走自己的路,让别人说去吧。"

自以为是的人总是想干预他人的人生,他们觉得自己的想法深具智慧,惊讶于有人竟然不顾他的反对,自行其是。对这样的人,你为什么要在乎他们的意见?

忧心忡忡的人总会跟你陈述他们的各种理由, 他们觉得自己所说的每一句话都是为你好,所做的每件事都在为你打算,同时对你的"不听话"表现出生气和无奈。对这样的人,你除了做出成绩,如何证明自己是对的?

不能让别人的反对票左右你,这既考验你的智慧,又考验你的定力。因为有些人不但口头会反对,还会做出实际行动来给你增添阻力。这个时候你明争还是暗斗? 是妥协还是据理力争? 压力太大,你会不会干脆选择放弃? 要记住,提反对意见的人未必是你的敌人,大多数都是为你好,撕破脸大可不必,你需要用事实说服他们,而不是口头上的争论。

还有,在旁人的反对意见中,有很多值得你深思的东西。反对,就要有理由,仔细听听他们的理由,你会对你自己、你的愿望都有一次重新评估的机会。他们为什么反对你做这件事? 是觉得你的能力不够、性格有欠缺,还是出于对未来的担忧? 当你能静下心来听别人的意见,就会发现这些东西都对你有帮助,可以让你思路更清晰,想法更明确,还能让你更加认识到自己的不足,避免出现重大遗漏。

或者检讨一下,你的愿望是不是太过"想当然"? 你连篮球都不会打,却整天说有一天会征服 NBA,超越迈克尔·乔丹,就算你有再大的决心,别人也觉得你在说梦话。有些人总是随随便便立下愿望,根本不考虑自己的实际情况,这样的愿望只不过让你多浪费了一些唇舌和时间,有时候还会成为其他人的笑柄。

反对的人越多,越有动力,说明你是一个胸怀大志的勇者,你下定决心要让众人刮目相看,这个时候,谁也不能阻止你的决定,你需要的只是以足够的努力积累经验,以足够的耐心等待时机。成功常常属于勇敢的人,而勇敢的人常常被人说"不可能"。

不要怨恨那些反对你的人,他们给了你压力,也给了你动力,他们的言语触动了你,对你有负面的打击,也有正面的帮助。最重要的是,你在一片反对声中脱颖而出,用漂亮的行动让他们每个人心服口服,这本身就是一种巨大的成就,值得你一辈子自豪。

第十章

全心全意只为目标
——源源不断的持续力

　　梦想为未来定下了目标,但命运不由目标决定,而由你的努力程度决定。谁也不能一步登天,进步是靠一天天的努力积累起来的。在积累的过程中,难免有厌倦、有困惑、有太多的压力和磨难,日复一日消耗着我们的热情。

　　想让梦想持续进行,先要打磨我们的精神力,心灵能够为了目标持之以恒,行动才会有计划、有动力、有步骤,实现目标,既是挑战,也是享受。

戒除浮躁，让梦想持续进行

> 人的全部本领无非是耐心和时间的混合物。
>
> ——巴尔扎克

　　一个叫小吴的即将毕业的大学生正在和室友描述自己的宏伟蓝图，他预备在全球 500 强企业找到一份工作，一边打工一边积累经验，赚来的钱用来投资。几年后，经验有了，资金也有了，他还要开自己的公司，成为中国知名的企业家。他的同学叹息一声，说："你的简历写了吗？快写吧。"

　　揣着简历进入人才市场，感受到紧张的空气，看到拥挤的人群，小吴才认识到形势严峻。一连几天下来，他再也没有找工作之前的意气风发。别说世界 500强，他连全市 500 强企业的门槛都进不去。好不容易才在一家小公司找到了一个职位，顺利就业。

　　小吴的工作琐碎又没有建树，大到打电话谈客户，小到帮人复印文件冲咖啡，小吴觉得在这个公司什么也学不到，简直是在浪费时间。他一天比一天更懈怠。当初他设想赚钱投资，现在发现每个月的工资只够支付房租和生活费。他几次想要辞职，又怕找不到合适的工作。他偷偷在人才网上留意招聘信息，却发现自己的资历根本不够去别的公司应聘。

　　这天，小吴到经理室送文件，在门口听到经理和几个主管在聊天，一个主管说："我们部的小李今天提辞职了，我看留不住，就同意了。"另一个主管说："我们那儿的小吴看样子也待不久,真可惜,我原本想观察一段时间,好好培养。"经理说:"每年都有这样的人,现在的年轻人都浮躁,耐不下性子,走就走吧。"小吴悄悄地离开,托人把文件送到经理室。

晚上,小吴想了很多,也许真的像领导们说的那样,他是一个浮躁的人,眼高手低,这样的一种心态,就算换了一个公司,又能做得多好?想要学东西,在哪里不能学到?他决定从明天开始努力工作,他相信,正确的心态,才能换来收获。

人们喜欢寻找机遇,他们常说人生短暂,机会要自己找,快乐要自己寻。在职场上,这种思想最常见,多数人都抱着骑驴找马的心思,跳槽成了普遍现象。放着本职工作不好好干,美其名曰"人往高处走",跳槽的心思比工作的心思多。短时期内,他们没有好好做工作,却因为成功跳槽,工资翻了一番,这无疑让更多的人开始动摇,开始效仿。

想要实现目标,最怕的就是摇摆不定,就像一支军队正在朝大帅指定的方向全力行进,每个人信心十足,突然大帅下了一道命令,让大家去另一个地方围城打援。军令如山,大家不敢违抗,但心里还是突然泄了气,走起路来也不再那么虎虎生威。动摇看似只是一个念头的起伏,影响的却是全局,这是为什么?

《曹刿论战》中说军人的士气,"一鼓作气,再而衰,三而竭。"如果用现代心理学分析,这完全符合人的心理波动:当一个人想做一件事,如果立刻起身去做,趁着这个劲头,成功率最高;如果他只是有个想法,不停地说"再想想"、"再考虑考虑",就会考虑出许多令自己动摇的念头,要么不做,要么做起来瞻前顾后,成功率大大降低;如果当时没做,再隔一段时间,他自己就会放弃这个念头,最后告诉别人:"我曾经想做这样一件事,很可惜,当时没有立刻动手。"究竟有多少人有这种遗憾。

浮躁的人最容易留下这种遗憾。让我们再看看那些喜欢跳槽的人的结局,他们大多在短期内找到了好工作,有些人终于定下心来,却发现自己欠缺很多基础性的训练,不但业务不纯熟,与人合作常出问题,就连简单的操作都给人潦草的印象,比起那些扎扎实实地工作几年的人,差的不是一点半点。有的人终于认识到自己的不足,开始踏实工作,有的人却以"这个工作不适合我"为由,继续跳,最后面试官看着他的简历说:"一年换了四次工作?我们公司不希望招到一个没定性的员工。"

为什么多数人觉得,确立愿望的时候很容易,很有志气,甚至觉得梦想的实现就在不远的将来,但真正行动起来,却发现举步维艰,最后纷纷放弃?就是因为他们太过浮躁,不肯定下心来,失去了实现目标的持续能力,努力不能持续,之前的苦功固然白费,之后的结果更不会出彩。半途而废,就是因为缺乏定性,缺乏持续性。

想要实现目标,必须改变浮躁的心态,注重过程与方法。生活中有太多事让我们产生浮躁情绪:诱惑、他人的议论、自我的摇摆、机遇的取舍……此外,我们总是想要一步登天,总是希望走捷径,以最少的努力换取最多的成就,这种心态让我们看到一点"门道",就迫不及待地扑过去,最后发现自己只能尝到一点点小甜头,然后再也不能前进——道理很简单,你的基础不牢固,后继无力,除非从头再来,不然只能摇摇欲坠地走下去。

做什么事都需要踏实的心态,宁可让自己多做一些、辛苦一些,也要牢牢打好基础。就像盖房子,不打牢地基,盖得再高也是豆腐渣工程,经不起狂风暴雨。不论做什么事,不论遇到什么样的困境,都要告诫自己稳重一点,不要操之过急,才能让自己有源源不断的动力,让梦想变得持久,让生命变得有韧性,向心中的目标持续行进。

守住人生的 20%

对成功者而言,能够抛弃无用的东西是必须具备的能力。

——塞内加

有科学研究表明,一部高档手机,80%的功能都是闲置的;相应的,一栋大别墅,80%的空间是空闲的,人经常用的只有 20%……一位美国教授做了这样一个实验,他让两组学生分别做一个艺术品展区计划,包括展位的设计、制作展品、打印广告宣传单等等任务,他只给了学生们三天的时间,通常,这种展区准备至少需要半个月。

第一组学生各自分工,结果,负责制作展品的学生勉强完成了几个不怎么样的工艺品;负责展位设计的学生虽然做好了展区的宣传板,但很多细节都不到位;只有负责宣传的学生印出了精美的广告单,但是,看着空荡荡的展区,他们知道来这里的人一定很失望;另一组学生放弃了所有其他行动,全部投入艺术品的制作中,各展才华,加班加点,只在最后一天傍晚打印了一份再简单不过的广告。

两组学生所用的时间相同,但参观者们显然都喜爱第二组学生的展区,尽管这个展区没有任何布景,但琳琅满目的工艺品足以让人流连忘返。教授不无感叹:"看来,任何事只要做到最重要的 20%,都能取得最大的成果。与其多管齐下,不如守住要害。"

面面俱到是一个很让人向往的词语,面面俱到表示一个人的思想非常全面,能力非常优异,什么事都能考虑到、照顾到,什么事都能做好。可是,能够面面俱到的人太少了,更多人的情况是顾此失彼,左支右绌,照顾到东家,就顾不到西家;想到了 A,就忽略了 B。要相信,这不是你能力不够,而是你不懂得取舍,不懂得找出最重要的 20%。

我们必须确切地认识到,很少的一部分却起着关键作用,把这一部分做好,效果比做好另外那一大部分更好。抓住了根本,枝节可以慢慢完善;失去了根本,枝节再茂盛也没用。就像一座房子,我们要先看它是否结实,然后才注意它的漂亮,任何时候,我们都需要有抓重点的眼力和能力。

在计划上,这 20%是指从大处着眼,别盯着细枝末节。连一个具体可感的大目标都没有,再精美的细节也无济于事。偏偏人们最爱犯的就是这个错误,常常把房子里的家具都想好了,户型却没选,这才是浪费精力浪费感情的无用功。

在做事上,这 20%是指目标的达成,而不是你能拿到多少奖金,你浪费了多少时间,你得罪了谁,你结交了谁,你的哪句话说得对或不对,这些影响不了你的未来,要知道决定因素是你究竟有没有成功做到这件事,而不是你怎么做的。

在生活中,这 20%我们也应该紧紧把握。包括充分的运动休息,适当的娱乐,与亲友联络感情。把这些事做好,其余如一周打扫几遍房间之类的事,完全可以随机随心情决定,别把自己卡得那么死。

现在,你应该知道你需要哪种能力,没错,你需要舍弃的能力,舍弃那些多余的东西,才能保住你的 20%,保证它们不会被干扰,保证自己的全力以赴。你需要具备"清空能力",随时清空你生活中的方方面面,你越会清空,越能容纳。

要有空间清空能力

一个人居住的最大感觉,恐怕就是房子里的东西越来越多,每次搬家,都觉得空间越来越小,想扔掉一些东西,又觉得舍不得。想要轻装上阵,先学会扔东西。从生活开始学着舍弃吧,你有没有把所有用过的东西全留在身边的习惯? 每次搬家光收拾它们就占用了好几天时间,增加搬家费用,最重要的是,这些东西你平日想都想不起来,看都不会看一眼。那为什么还要留着? 实在舍不得扔掉,打包寄回老家吧。

要有情绪清空能力

情绪太多,我们就会变成情绪垃圾桶,整天被各种各样的情绪折磨,根本无法集中精力。潇洒一点,把受打击的情绪扔掉;勇敢一点,把畏惧的情绪扔掉;坚强一点,把悲伤的情绪扔掉;豁达一点,把计较的情绪扔掉……你扔掉的情绪越多,性格就越好,你会发觉自己像清晨开放的花朵一样,欣欣向荣。

要有头脑清空能力

人的头脑每天都要接收各种各样的信息,就像手机每天都要接收各种资讯,邮箱每天都收到各种有用或没用的广告,这中间有多少是我们需要的? 大多数都不需要。及时把头脑空出来,清走那些无用的、过时的念头,保持一个空阔的状态,接纳更多有用的、新鲜的知识,才能让我们不断进步。

我们的时间有限,精力有限,感情有限,我们能十全十美地做到的,也许只有生命中的 20%,但这五分之一已经能够决定我们的生活状态。及时清空,保持20%的重要部分,就是保持活力,保持开通,保持前进的空间,让我们活得清醒而执着。

事太多,学着让别人分担

> 一个人永远不要靠自己一个人花100%的力量,而要靠100个人花每个人1%的力量。
>
> ——比尔·盖茨

和所有有事业心、记性又不太好的女人一样,沈春从大学起就养成了写日程表的习惯。每天睡觉之前,她会把明天要做的事一排排写在记事本上,这让她觉得不会遗漏什么事,这个习惯直到大学毕业、直到走上工作岗位、直到升职、直到她成为公司的主管仍然坚持着。

在这个过程中,她的日程表上的任务也一天天增加着,学生时代的看书、背单词的简单行程,如今已经成了长达三页的"日理万机",沈春觉得自己的压力也逐日增加,身体状况和精神状况大不如前,她总是用"能者多劳"安慰自己,直到有一年年终,她发现365天,她只休息了10天左右,大部分时间都在公司忙碌,而和她同一位置的人,却远不像她这么辛苦,她第一次开始思考:自己究竟在忙什么?

很快,她发现了问题的所在:她的性格。沈春是个爱操心的人,什么事都不放心让别人办,喜欢亲力亲为,这自然让她增加了更多的工作。一项任务手下们做好了,她总要全面系统地检查一遍,怕有什么漏洞,在具体的执行过程中,她总是放不开手,时时过问,这样的任务多了,她自然就忙得不可开交。

沈春观察了另一位主管的做法,他不会每件事都插手,只把握大方向,其余都交给手下员工去做，给他们更大的发挥余地。他也不是不负责，对任务的进度、关键处的把握从不松懈，比起事事经手的沈春，他有更多休闲时间，而他的业绩半点也不比沈春差，更多员工，也更喜欢他的管理方式。

一番观察和比较下来，沈春开始改变自己的性格和做事方法，她也开始学着把事情交给别人，既成全了别人也成全了自己。她发现，一个管理者最需要做的是从大处着眼，而不是处处着眼；一个团体的运作需要分工，而不是有个"超人"独当一面。

沈春还发现，这个道理不但在工作上适用，在生活中也同样起到巨大的正面作用。从前，沈春包办了家里上上下下的所有事务，如今，家务和丈夫一起分担，孩子的教育也让丈夫更多地提意见，就连孩子的日程，她也鼓励他们自己安排。省下来的时间，她开始走进美容院，或者去近处的风景区游玩，她觉得自己的生活再也不是上得紧紧的发条，代之以滋润、轻松的感觉。

想要更加专注于目标，想要更快达到目标，就必须学会与人合作。

合作，不仅是工作或一起完成同一任务时的结盟与分工，它广泛地存在于我们的生活中，甚至最亲密的亲子、夫妻关系中，也存在大量需要的合作分工，如果否认这个事实，缺乏合作意识，不论事业、生活、感情，都会变得杂乱无章。

最容易理解的杂乱是事业上的缺少合作。故事中的沈春就不懂上司和下属不是"你管我，我听从你"的简单关系，而是一种合作：上司负责把握大方向，负责在更高层次处理事务，而下属负责具体的执行，把上司每一个指令落到实处，事情才能按计划如期顺利完成。下属不应该对上司指手画脚，上司也不应该越俎代庖，而是应该把自己的全副精力放在自己应该做的事上。当沈春明白这个道理后，她的工作环境和效率必然大为改善。

生活上的合作内容更加广泛，举个最简单的例子：楼道里的卫生问题。很多住宅区的物业不会每天打扫每栋楼里的楼道，一层楼两到三户家庭如果谁也不注意卫生，很容易乌烟瘴气，而上下走的人会把灰尘带到其他楼层。如果有家人注意卫生，每天清扫，却发现隔壁根本不管这件事，久而久之心理上就会产生不平衡：为什么总是我在扫？

解决这个问题的最好办法就是几家人一起协商，安排每个家庭负责一周或一个月，并且严格执行。这种协商分工适用于一切人与人可能产生的矛盾之中，只要大家愿意协商，愿意确定自己的责任和义务，也就能够享受到他人提供的便利，这就是合作精神。

感情上的合作也许让人费解。既然不能合二而一，必然会存在分歧，解决分歧的好办法依然是合作。不要整天说"我爱你所以愿意忍"，人的忍耐都是有限度的，忍到一定程度是个人就会爆发；也不要强硬地要求"你爱我所以必须如何"，爱是爱，相处是相处，不能完全混为一谈。爱人也好，朋友也罢，亲人也好，有的时候不要用眼泪模糊了是非，还是坐下来说说各自的想法，掂掂各自的底线，相互尊重，这样的感情才最融洽。

还有的人喜欢亲力亲为，什么事都自己做，甚至包办其他人的事。这种忙碌换来的并不是他人的满意与感激，而是无所事事的怨怼。经营生活有时候就像管理一个公司，保证人人有事做，人人有报酬，各司其位各展所长才是最好的模式。你做得太多，也就剥夺了他人的发挥空间，所以，聪明的人要学会偷懒，只做最重要的事，其余交给更合适的人去执行。

还要知道，他人也愿意在分担你的事情中，找到自己的价值。没有合作，成绩是你自己的，有合作，成绩是大家的。不论在事业还是生活中，发挥每个人的作用，让他们在你的成功中找到自己的位置，会让他们感到与有荣焉，更愿意为你效力。任何时候都要重视合作，一个好汉三个帮，人多力量大。

吃苦是享受的前奏，没什么大不了

> 你虽在困苦中，也不要惴惴不安，往往总是从暗处流出生命之泉。
>
> ——萨迪

南先生是个乐观坚毅的人，认识他的人都能深切地感受到这一点。南先生的右腿是假肢，这是因为小时候遇到的一次车祸。当他看到自己的右腿只剩下大腿根，看到妈妈悲痛欲绝的脸，他对妈妈说："妈妈，我没事，看看人家海伦·凯勒，一个女人都有那么大的毅力，我一个大男人，受这点苦算什么。"那时候他只有八岁，大家看着这个坚强的小男孩，忍不住掉泪。

装了假肢后，他花了几年的时间才适应。最初，金属支架与血肉磨合的钻心疼痛，每天都在折磨着他，他坚持走路，直到磨合部位变得越来越麻木坚硬，每一次他都会对扶着自己行走的妈妈说："不疼，没什么大不了！"直到有一天，他可以用假肢自由行走，刚认识他的人，如果不仔细观察，根本发现不了腿的异状。

在事业上，南先生的坚毅显示得尤为明显。他没有念完初中，在街口炸油条，做小吃，每天天不亮就出摊，半夜才收摊。靠着这种肯干的精神，他很快攒了一笔钱，开了一家小吃铺。就这样一步步做大，如今，他已经开了数十家饭店。每一天，当他牵着家里的狗遛弯，和附近的邻居打招呼时，邻居们都会向他投去尊敬羡慕的目光。

目标在遥远的前方，我们全心全意地前进，最近的地方总会出现阻碍，接下来,阻碍一个接一个,越来越麻烦,越来越难缠,源源不尽。我们不断努力,却好像陷入了泥沼之中,甚至觉得离目标越来越远。这些阻碍来自环境,来自人为,还有一些就像南先生经历的那样,纯属命运的恶作剧。

有目标就会有困难,困难就像一块试金石,把人分为两大类,一类是能够通过考验的合格者,一类是被困难压垮的失败者。从古往今来的经验看,在目标面前,失败者总比合格者多,难怪成功者的数量,总是人群中的极少数。

困难来自何方?一方面是因为复杂的环境、人际、事物,一方面是人的头脑里习惯把环境、人际、事物想得比实际复杂。这种"自己吓唬自己"似的困难,最麻烦也最让人不知如何应付。因为人要战胜的不只是困难,还要先战胜自己才行。

首先,不论你的目标是什么,你必须相信自己有战胜困难的能力,要知道人本身就是一个奇迹,人能战胜的困难太多了,数不胜数:在原始社会,人战胜了自然;在现代社会,人战胜了一次次能源危机,每个人骨子里都有遗传自远古的韧性,这种基因足以让我们在困难面前咬紧牙关,奋勇向前。

还有,不要太娇惯自己,你没那么娇贵。吃了一点苦就哀嚎,总想好逸恶劳,坐享其成,但天下哪有免费的午餐?人生只有两种,一种是先苦后甜,一种是先甜后苦,总想着偷懒的人,早晚有一天会吃大苦头,所以,不论你要享受什么,先去吃苦。

对苦难要有一种达观的心态,告诉自己"没什么大不了"。对个人的不幸,横向比较一下,世界上比你不幸的人太多了,怎么别人可以不叫苦?对生活的困境,纵向比较一下,眼前真的是最困难的时候吗?以前有更困难的时候你不是撑过来了?以后还有更大的困难,你现在不努力,将来不是更挺不住?一旦把眼界放宽,你会发现多数事都可以一笑而过。

而且,越是能吃苦的人,越有大出息。宝剑锋从磨砺出,梅花香自苦寒来,你付出多少汗水,就能获得多少收获。世界上没有那么多天才,绝大多数成功者都是埋头苦干的人,不要只看到他们辉煌的一面,他们受的苦不知比一般人要多多少倍,他们承受的压力更是平常人无法想象的,想成为这样的人,先吃苦吧。

能吃苦是一种能力,主动选择吃苦更是一种积极的精神,这代表你选择用最艰难的方式磨练自己。你的选择没有错,是高明的。你将比别人更累,却也接触更多的东西,得到更多的经验和智慧。当你选择吃苦,愿意吃苦时,你已经升级为一个强者,你会渐渐在痛苦、辛苦、困苦中感受到生命的坚忍与快乐,你会开始收获,有越来越多的收获。不必在乎吃多少苦,别着急,这只是幸福的前奏。

让自己每天都有一个新的开始

> 向着某一天终于要达到的那个终极目标迈步还不够,还要把每一步骤看成目标,使它作为步骤而起作用。
>
> ——歌德

菲利普先生是个风趣的人,他总喜欢和同郡的人开玩笑,他为人慷慨风趣,郡里的人亲切地叫他“孩子先生”,他笑口常开,像是从来没有烦恼。

最近,“孩子先生”愁眉苦脸,因为他不知道该如何教育自己的孩子。他的儿子小菲利普不懒惰、也不笨,但心理有点脆弱,没经过什么打击,也经不起打击。这一年,他没考上理想的高中,想到理想的大学也没有指望,小菲利普每天都很消沉。不管父亲怎么安慰他责骂他,他都说:“这就像以一个人的力量推动一个巨大的铁球,根本不可能。”

菲利普先生灵机一动,命人在院子里做了一个巨大的铁球,声明谁能推动铁球,就赏谁三千英镑奖金。不少大力士闻风而来,可惜,铁球太重了,谁也不能把它推动一下,小菲利普说:"看,不可能就是不可能,多努力也没有用。"

没想到,这个问题被一个叫托比的十岁的小孩解决了,托比的父母都在菲利普家里帮佣,他就在院子里玩,这一天,他不断地推那个铁球,一下接一下,最后,铁球竟然动了,而且以越来越快的速度向前滚动,还压倒了几棵小树。是小孩持续不断的推动,让铁球从细微的摇晃,最后开始滚动。

这一切让小菲利普目瞪口呆,第二天,他二话不说去了补习班,他说他要好好补补一直很差劲的几门功课,菲利普先生大为欣慰。

铁球的寓意很简单,它既像我们每个人都经历过的困难,也像我们的人生。我们都曾努力地推动它,知道推动之后,我们会得到丰厚的奖励。但是,它如此沉重,让人们一个接一个地丧失信心,摇头走开,嘟囔着:"把机会留给幸运者吧,我没有能力。"

幸运并不是命运派发的糖果,随机抽取,千中取一或万中取一,每个人都有幸运的机会,只是有的人能把握,有的人不能。"机会给有准备的人",什么是有准备? 准备就是你每天的努力,长久的坚持,而不是一时兴起的发愿,临时抱佛脚的用功。前者已经一砖一瓦地建造了宽广的平台,后者不过搭了个花架子,你说,幸运更容易降在哪一边?

如何实现目标? 答案只有一个:一步一步来。不积跬步无以至千里,每个目标都可以拆分成数个小目标,一个一个实现它们,大目标就能达成。这是最简单不过的道理,却总是有人想要"毕其功于一役"。一步登天当然是好事,但在多数情况下,这是做梦。想要成功,必须有踏实的心态,不然只会飘着浮着,路也走不稳。

如何保证目标的达成? 答案也只有一个:每天都要有进步。停滞是成功的大敌,有些人喜欢三天打鱼两天晒网,有些人喜欢走走停停一切随心情,还有人干脆半途而废或者原地踏步,这些都会造成延滞。在你浪费时间的时候,和你有相同目标的人已经大步走到你前面;在你虚耗青春之后,你会发现有那么多的事情你没有做,有那么多的知识你来不及学,有那么多的能力你还不具备,你说,路还怎么走?

目标不等人,时机不待人,如果我们不能够保证每天都做好了准备,如果我们不能把每天当作一个新的开始,取得新的成绩,我们就永远无法提高。所以,宁可一天前进几厘米,也不要停下来。为了这个目标,我们需要严格要求自己。

要有管理机制

对自己严格,就要有严格的样子。我们应该管理自己的一切,把头脑中的计划落实在笔头,落实在文档,让实物来提醒我们这件事的存在,放在最醒目的地方让我们每天都忘不了。座右铭不是过时的东西,它可以出现在你的开机画面上,可以出现在你的钱包里,还可以出现在你的床边,它会时刻提醒你管住自己,在你想要懈怠的时候,狠狠骂自己一顿。

要有监督机制

每个人都难免对自己心软,每个人都有想偷懒的时候,你需要更多的人来监督你。团体合作的好处在此显现:当别人都在忙的时候,你不好意思偷懒,别人也会提醒你,不许溜号。此外,家人、朋友都可以作为监督人,随时提醒你该做什么。这种工作需要诤友来做,一定要保证你身边有认真负责又正直的朋友。

要有测评机制

每一天都要想想自己是否有进步,进步在哪里,如果能落实在笔头,厚厚一本,回头翻看,你会看到自己切实的进步,你会发现写第一页的人和写最后一页的人截然不同,后者已经有了质的飞跃。要多多鞭策自己、鼓励自己,你的苦功不会白费。

全心全意地生活,就要让每天都有一个新的开始,今天要比昨天进步,明天也要比今天进步,最初,我们看上去是匀速状态,其实,每一天都有一点点增加,是在以加速度接近目标。时间越久,我们的成功能量将无法被环境遏制,我们将势不可当,所向披靡。

锻造,钢铁也需延展性

> 生命由种种经验而千锤百炼。
>
> ——蒙森

一个青年高考失利,复读三年,仍然没有考上大学,他的父亲对他说:"你不是学习的料,考大学大概没希望。家里也没有更多的钱供你继续复读。我在村里的工厂给你找了一份临时工作,你和师傅学些手艺,以后也能养活自己。"青年点点头,他别无选择。

青年的工作是在高温下用沉重的铁锤敲打钢铁,每天都在重复这种体力活,让曾经雄心勃勃的他难过,他问师傅:"钢已经锻好了,为什么还要敲个没完?"师傅是个沉默的中年男人,只简单地答了他两个字:"塑形。"青年不明白,继续问:"为什么敲打之后才能塑形。"师傅说:"钢铁只有经过不断地敲打,才能有很好的延展性,才能被师傅们弯曲、塑造成各种形状,不然它就是一块铁疙瘩,什么也做不了。"

几个月后,青年对这句话有了更深的认识,当它看到那些经过无数次敲打的钢铁成了餐具,成了工具,成了钢筋骨架,他意识到,自己其实就是一块铁疙瘩,如果不肯接受捶打,一辈子都只能是一块没有形状、没有用处的铁疙瘩。而他所面对的生活,他曾经历的失败,也许正是命运对他的锻造与锤炼。

谈论一个人未来有没有可能成就一番事业,我们喜欢用"可塑性"这个词。即使被谈论的人现阶段欠缺很多东西,看上去比同龄人差得不只一点半点,只要他具备"可塑性",他就可能由石头被雕琢成美玉,由一块铁疙瘩变成一把宝剑,由一棵歪歪扭扭的树苗变成参天大树。那么,究竟什么样的人具备"可塑性"?

很多人认为只有有天分的人才有可塑性,他们的脑子里藏着一种旁人无法与之比较的灵气,此刻碌碌无为的他们,只要愿意努力,就能比旁人迈出更大的步子,迅速超越他们。这种想法,其实是人们对"可塑性"的误解。天才固然有"可塑"的一方面,却不是全部,何况"天才"也只在有限的领域才是"可塑"的必要条件,如一个女孩身段气韵绝佳,一个男孩出口成章,前者是个可塑的舞蹈苗子,后者也许是个可塑的文学家。但在更广阔的领域,人们看的并不是"天才"。

重新看看上面的故事,师傅的话有广泛的含义,在师傅眼中,钢铁都是可塑的,前提是它们需经过重重的锤炼。人何尝不是一样,只要经历的捶打够多,他们的个性上就已经具备了成才的基本素质,具备了接受更多捶打的能力,也就是说,他们像被捶打过的钢铁一样,具备延展性,这种延展性,就是我们说的"可塑性"。

对待人生,他们有准确的认识。他们知道梦想与现实之间的距离,知道自己适合什么样的梦想,知道哪些差距能够弥补,哪些差距无法弥补。他们努力却不强求,只争取自己能够争取的东西,有一种有选择的积极乐观。正因为对现实和自己的能力都能正确评估,他们少了浮躁,多了稳重,不论发生什么事,他们都会呈现一种稳定的状态,不动摇,不退却,目标和行动高度统一,是他们的特点。

对待困难,他们有坚强的意志。目标的实现就是与困难不断斗争的过程,而战胜困难,需要的不只是智慧和努力,还要有对抗失败、重新开始的勇气和坚忍不拔的意志力。世界上没有铁人,被现实挤压,人们会悲观痛苦,但只有一部分人才能有钢铁般的意志力,经受种种考验,在绝境中求得生存,可以说,人的抗压能力,与他最后的成就成正比。

对待目标,他们有沉着的心态。一步登天是很多人的心愿,天上掉馅饼也让很多人举双手欢迎。可塑性人才并不拒绝捷径,但他们的脑子里从来没有投机取巧的念头,他们知道付出多大努力才有多大收获,冒多大风险就可能有多大机遇。他们既不会因一时的顺利得意扬扬,也不会因一时的挫折沮丧难过,他们有良好的心理素质,以不变应万变。

总结成一句话,抗打压能力越强,可塑性就越强,想要有所成就,必须接受现实的打击,这种打击可能来自事业上接二连三的挫折,可能来自感情上反反复复的波动,可能来自生活中点点滴滴的折磨,甚至让你觉得"人活着就是受罪",但在这过程中,你获得了韧性,获得了能力,获得了宝贵的人生经验,这时候,你才有可能决定自己的生活,才能够知道自己最想要的究竟是什么。相比于结果,一切付出都值得。

抗打压能力的提高,是一个长期而艰巨的过程,伴随着种种痛苦。但现实的塑造,让你的生命能够延伸得更广、更长。你希望未来是什么形状,它就在你的希望之中,因为,你已经为此做好了一切准备,具备了一切素质。

完善目标,需要不断地自我修正

> 最伟大的人不是轻视日常小事的人,而是对这些事情予以缜密的注意并加以改进的人。
>
> ——史迈尔斯

易小姐从小学习钢琴,她并没有成为音乐家,也没有凭借一技之长去考音乐学院,而是选择了管理专业,如今,她在一家企业担任经理,她说,学习钢琴给她的最大收获并不是音乐上的灵感,而是一种做人做事的方法。

她清楚地记得调音师来给家里的钢琴调音的情景。调音师让每一根琴弦绷得恰到好处,然后再逐一锁紧琴弦。这并不是结束,隔了一周,调音师又一次来家里做了相同的事,试着每个琴键的声音。此后的一个月,调音师每周都来调音。

"为什么这么麻烦?"易小姐问。

"一架不调音的钢琴没办法弹奏,只有不断调整,才能保持琴弦在正确的音符上。"调音师回答。易小姐一直牢牢记得这句话。她做事经常检查,以免出现错误,养成了认真的个性。如今在领导位置的她经常对下属们说:"每个人都是一架能够发出声音的钢琴,为了长久地发出清亮的声音,必须常常调整,时时修正,保持自己的最佳状态。也只有这种状态,才能发出最完美的声音。"

人生的事,常常让我们觉得意外,从 A 处得到的知识,在 B 处得到应用,又被 C 领域发扬光大,人们常常感叹命运的千奇百怪,但万变不离其宗,所有事究其本源,常常是一个再简单不过的道理,却适用于很多事、很多情况。易小姐没有学好钢琴,但没有学钢琴的经历,她也不一定会成为一个优秀的管理者,很多事都能让我们发现"真理"的存在,并从中受益。

当我们全心全意奔向目标的时候,常常忽略过程中的隐患,这些隐患都在细枝末节出现,有时候是与合作者的一次争吵,有时候是合同上一个不起眼的数字,有时候是自己身体的一次疼痛,我们的步伐太急,完全不去理会这些信号,却不知道其中隐含的怒气、陷阱、危机,直到它们齐齐浮出水面,我们才肯正视,却又感到茫然。

有时候,有了这些意外,我们依然能达到目标,佢回头一看,中途竟然失去那么多东西;有时候,因为某个意外,我们再也不能达到目标,懊悔的感觉就更强烈。我们试图寻找一种方法,在全心全意的同时,把事情做到尽善尽美,我们希望能像调音师一样,永远把琴音调整到最佳的那个位置,发出最动人的声音。这种方法就是自我修正,我们需要做到以下几点。

修正自身的言行。

"吾日三省吾身"是儒家君子的道德要求,曾被人嘲笑为迂腐和形式化,谁没事闲的天天问自己? 但仔细想想,这种做法有错吗? 如果能经常反思一下自己的举动,品德也好,言行也好,心态也好,没有人像幼儿园老师一样时时提醒我们,我们必须学会自我监督与自我反省,才能保证自己的素质与修养日益提升。

修正自己的目标

有目标是好处,让人生有所追求,生活有所依托。但如果这个目标是盲目的,对自己对他人都没有好处;如果这个目标是虚无的,会使自己耽于空想;如果这个目标是错的,会使生活万劫不复。目标,是生活之重,生命之重,必须慎重。

对待目标,我们必须慎重。一来检查它是否符合我们内心的需要,给我们带来喜悦和成就感;二来检查它是否与现实契合,判断我们究竟能在多大程度上将它实现;三来确定它是否发生了偏差,和我们最初的想法是否背道而驰。习惯性地检查、修正目标,会使我们更快地接近目标,避免走弯路、走错路。

修正自己的计划

计划没有变化快。设想是好的,却总会被现实打乱。即使诸葛亮的神机妙算,也要为东风会不会来做两手准备。人有自信是好事,盲目自信却会坏事,在计划之时,留一些宽裕的空间,时时观察形势的变化,时时调整计划,随机应变,这才是成功的法门。

不论做什么事,闭门造车,两耳不闻窗外事不是一件好事,因为局势总在不断地变化当中,不能及时察觉风向,就不能做到心里有数,手上有准备。说不定什么时候,就被人摆上一道,之前的努力全都作废。而及时的调整却能最大限度地避免损失。

修正自己的态度

心态决定成败,是一句令人信服的箴言。人是情绪化动物,常常随着现实的起伏产生多种情绪,一旦被情绪左右,定下的事可能再也坚持不下去,下定的决心也许发生根本性动摇,所以,必须常常端正态度,确定目标是唯一的,必须心无旁骛认真去做,而不是心不在焉随便去做。正确的态度,才能保证事情的顺利进行,反之则会成为阻碍。

修正是自我检讨、自我提高,是所有事情中最基本却也最让人恼火的一种,人们并不愿意否定自己,检讨失败。正因如此,那些懂得修正自己的人,才有了超越他人的特质。树木需要修枝剪叶,乐器需要保养校音,书籍需要增删修补,万事万物都在修正中趋于完美,这种启迪,你应该领悟。

第十一章

让运气宠爱自己
——在困境中积聚心量

　　短的是人生，长的是磨难。我们总会被困境捆绑，久久徘徊，有些人甚至在困境中迷失，再也找不到自己的道路。处在困境中的人总觉得自己倒霉，正因为他们抱怨的声音太大，哀叹的内容太多，才绑住了本该前进的双脚。

　　任何时候，把自己当成一个幸运者，才会真的拥有运气。把灾难看作考验，把逆境当作试金石，你将从中得到宝贵的经验，变得更加从容，更有力量。

逆境，帮你淘汰竞争者

> 顺境使我们的精力闲散无用，使我们感觉不到自己的力量，但是障碍却唤醒这种力量而加以运用。
>
> ——休谟

考场上，考生们挥汗如雨，这是一场关系到他们前途和命运的考试，每一道题目，都关系到他们是否能考上更好的学校。平日的题海战术中获得的经验是否能为他们争取更多的时间？看到最后几道题，考生们身体僵硬：题太难了，从没见过。

考试结束，交完卷的考生们面色沉重地走出考场，家长们迎上来连声问："怎么样？怎么样？"考生们纷纷摇头说："没答完，这次的题太难了。"只有一个学生没有露出沮丧的神情。他的母亲问他："都说这次考题难，你觉得呢？"他说："没问题。如果考题简单，我没把握，考题难，我肯定能上第一志愿。"

当年，这个学生果然以优异的成绩考上了一所人人羡慕的重点大学。

逆境，并不是一个让人愉快的词语，能对着逆境微笑的人，都不简单。

每个人都能激动地说出逆境给自己带来的那些悲伤、痛苦、失落甚至难堪的经历，他们都是成就不大的普通人；也有一些人会平静地说说在逆境中得到的经验和教训，他们都是战胜困难的勇敢者；还有人从来不说自己曾遭遇的逆境，在他们看来，逆境是再正常不过的，根本不需要说。他们是天生的成功者。这样的人少之又少，却值得我们学习。

逆境是什么？逆境是人生的常态。想要做什么很难一切顺利，一定会有困难出现。有人甚至觉得困难就是故意出现和人们作对的。实际并非如此，会觉得困难，是因为能力不够强，心态不够好。不能对出现的情况及时判断，不能对难题手到擒来，对环境的适应性差，对失败的承受能力弱，才会觉得特别困难。

当然，也不能把逆境全"归罪"于个人，有时候一切做得好好的，计划得妥妥的，突然来一档子天灾人祸，个人没有过错，只能说世事无常，什么事都有可能发生。你觉得自己倒霉？其实每个人都会倒霉，在这方面，命运很公平。所以，逆境也就成了普遍状态，人人都在面对，对待它的方法，可谓"八仙过海，各显神通"。

对逆境的看法，常常能够左右我们的人生道路。多数人畏惧逆境，压力、竞争、对手的挑战、环境的不如意、意外、孤立无援的状况、他人的阻挠……这些情况不是轮番上阵，就是一起亮相，让人不知所措，还没开始就想结束，打心底里认为：这次不行，等下次吧。下一次，困难一个没少不说，还多了更多的竞争者。

不如把逆境看成一个筛子，筛口越细，淘汰的就越多。就像一场马拉松比赛，哨子刚吹响就下了一场大雨，一半的人连忙去避雨；跑了没多久又开始艳阳高照，酷暑难耐，又有一半的人受不了退场；剩下的人发现设计赛道的人简直在和参赛者过不去，整个赛道都是在爬坡，累得人气喘吁吁，又有不少人因体力不支退赛；临到终点，又设置了不少路障，再绊倒一批人。整个过程下来，参赛者没剩几个。可见，在有毅力有智慧的人眼中，逆境帮他们甩开了大部分对手，他们只需要专注于有限的几个对手和比赛本身。

人们总是觉得成功者"有天助"，似乎有人为他们铺路搭桥，帮他们淘汰竞争者，其实这个"天助"不是别的，正是每个人都要遭遇的逆境。铺路搭桥的不是别人，是他们自己的坚持与智慧。面对逆境，人只有两种选择：淘汰它或被它淘汰。在这个前提下，一切不满、苦闷、抱怨都是不必要的，路只有一条，属于勇往直前的人，想要偷闲的、不敢挑战的那些人，只能中途退赛，当别人的观众。

　　逆境是人生的难题,有人放弃解答,有人想不到答案,有人死守错误,只有那些早有准备、不畏艰难的人,才能找到正确答案,才能交出满意答卷。所以,感谢逆境吧,把它当作你的朋友,与它友好相处。它不但让你了解自己、承认自己、超越自己,还会帮你把竞争对手逐一淘汰,为你指引成功之路。

成功需要"死心眼"

> 要在这个世界上获得成功,就必须坚持到底:至死都不能放手。
>
> ——伏尔泰

　　亨利·福特是美国第一大汽车制造商,关于成功,他有自己的理解。在福特看来,成功就是在困难中勇往直前。

　　有一次,福特为了在竞争激烈的汽车市场占据更大的份额,决定改进 T 型车发动机的气缸,他要求设计师设计出八个气缸的引擎,所有设计人员都认为这样的引擎不可能完成,工程设计师们面对这个匪夷所思的要求,集体表示反对,福特坚持说:"无论如何,我们需要这样的引擎,只有这种大功率的引擎,才能让我们击败对手。"

　　"但是,那是不可能的!"设计师们坚持说。

　　"世界上没有不可能的事,坚持去做,直到你们做到为止!"福特坚决地说。

　　也许是身为下属不得不服从命令,也许是老板的气势感染了员工,他们不再说"不可能",而是开始研究引擎,半年过去了,一年过去了,他们没有任何进展。福特没有责怪这些员工,仍然坚决地对他们说:"我需要它,哪怕是一只老虎,我们也要擒住它！"

最后，员工们终于克服了重重困难，将符合福特要求的发动机制造出来，装到汽车上。这种新型发动机成为福特公司的竞争利器，让福特汽车公司的对手无力与它竞争，被远远地甩在了后面。这就是勇气铸造的成功。

人们常常分不清"勇敢"和"鲁莽"的区别，就像这个故事中，福特要求员工做出一个"根本不可能存在"的引擎，为此要花费大量的时间财力，这是叫鲁莽的异想天开，还是勇敢的决策？从结果来看，当然是后者，可是，在结果出现之前，恐怕连福特本人都曾考虑过："这种想法究竟对不对？"

历数古今中外的名人，他们多半有点"死心眼"，一定要做那些别人认为"根本不可能"的事。就拿交通发展来说吧，第一个骑马骑驴的人肯定被周围的人当成傻子，第一个制作车子的人也肯定被人说成"异想天开"，至于第一个让马拉车的人，大概没少被人笑话。而制作自行车、汽车、火车、飞机的人，全靠着个人的坚持，才实现了交通史上一次次的飞跃。

成功需要"死心眼"，因为成功往往意味着一个人做了一件"不可能"的事，而这种事，"聪明人"一定会绕道而行，不会凭着一股子傻劲一直钻研。他们的"聪明"，就是用最简单的方法、最快捷的路径，达到功成名就，回避困难和挫折，已经成为他们的习惯。这些"聪明人"，虽然能拥有不错的物质生活，却很难在此基础上再向前跨一步。

特别是在逆境之中，坚持到底，本身就带着一种"盲目"的自信。谁能在困难的时候说服自己？是那些带着一点天真的人，他们总是相信一切都会好起来，转机一定会出现，即使情况再困难，他们也没想过放弃，这样的人，本身就是"死心眼"。但你能说这样的人不好吗？相反，很多人羡慕他们，并愿意承认：如果我有一点他的劲头，我也能像他一样成功。

运气特别喜欢光顾"死心眼"的人,靡不有初,鲜克有终,只有他们最容易把一件事从头做到尾,失败多少次都不放弃,而在无数经验之上,最容易摩擦出灵感的火花。有些人说他们运气好,他们自己心里却明白为了这份运气,付出了多少,承受了多少。想要得到运气的人,不妨也向他们学习一下。

没有什么"不可能"

> "不可能"这个字,只在愚人的字典中找得到。
>
> ——拿破仑

营销学上有个很经典的问题:一个杯子能卖多少钱? 从推销员回答的价格上,你能知道他的业务水准如何。有人说:"视杯子的材质成本,我能保证在成本基础上翻倍收益。"这是普通销售员的回答,他们很难想象一个杯子能够卖出太离谱的价钱,除非那杯子是外星陨铁做的。

思维的区别就在这里,在普通人眼中的普通杯子,在有智慧的人手中,却出现了翻十倍、翻一百倍、翻一千倍的收益。

有人将杯子加上精美的包装,做成礼品杯;

有人把杯子成套刻上情侣的名字出售,成为定情杯;

有人请名人在上面签名,杯子的价格再次上涨;

如果杯子带入太空,它还会更值钱……

是的,在有创意的人眼中,没有什么不可能。

当我们评估一件事的时候,喜欢用"可能"与"不可能"做标准。可能的事,我们愿意为之努力,并觉得未来就在掌握之中;不可能的事,我们当作天方夜谭,自己固然不会去尝试,当别人尝试的时候,还会好心地规劝,或者带着嘲笑的眼光旁观。但是,成功的意义常常是:某某人做了一件他不可能做到的事。

为什么做不到? 听听他们的理由吧:脑子笨、性格差、缺乏行动力、没经验、更适合其他人……他们翻来覆去地强调的事实是:他们不敢做。他们不敢动一下脑子,更不敢动一下手,他们怕嘲笑也怕失败。所以,他们与成功是绝缘的。

成功并没有一定的标准,成功者也并非同一种类型,坚强的人和软弱的人都有成功的可能,内向的人与外向的人都能做出一番事业,积极的人和消极的人都可能有美好的生活……关键是,你要有主动的思维,要有创建性的头脑。

创意在任何时候都让人显得与众不同,在第一届世博会上,一个卖冰激凌的小商贩一直在忙碌,他发现参观者们不但会买冰激凌,还会买隔壁摊位的薄饼,他灵机一动,用脆薄的饼裹上冰激凌,引起了参观者们的抢购,后来,他发明了蛋卷冰激凌。

一个美国人把香肠和面包卖给过往司机,司机大多没有太多用餐时间,为了节约他们的时间,这个美国人将香肠夹进面包,三明治诞生了。

一个威尼斯鞋匠厌恶妻子总是去参加舞会,于是做了一双鞋跟特别尖、特别高的皮鞋,妻子穿上后,成了舞会上的焦点,高跟鞋就是这样产生的……

要尽力避免做个评论家。哥伦布发现了美洲大陆,大家都说他是一个伟人,也是个幸运者。但也有人对他的功绩不屑一顾,认为只要开着船一直航行,任何人都能发现美洲。当"不可能"变为"可能",很多人质疑"发现"的价值,他们从不做第一个吃螃蟹的人,从不敢尝试,只会在尝试者后面指手画脚。

要努力争取做个实干家。"可能"与"不可能"之间有一道桥梁:行动。再难的事,只要去做就有成功的可能;再简单的事,不去做也会失败,变为不可能。在困境中，更要寻找"可能"，把不可能变为可能就是成功。

幸运有时不在于环境与他人的帮助，而在于自己的坚持。人生有数不清的困境，让我们思维闭塞，举步维艰，我们必须相信自己有突破困境的能力，必须及时转换头脑，创造性地改变现状。记住，在一个有创意的人眼中，一切皆有可能。

你遭遇到第几类失败

> 明智的人决不坐下来为失败而哀号，他们一定乐观地寻找办法来加以挽救。
>
> ——莎士比亚

一个男子匆匆忙忙地走过大操场，坐在教学楼边的长椅上，他看上去既不是学生也不是老师，他神色迷茫，似乎在思考一个重大问题。午休铃响了，学生们三三两两地走出来，他走上前对一个比他大不了多少的老师说："老师，我来了。"

何老师年纪不大，却深得学生们的肯定和信任。眼前的学生是他的开门弟子之一，毕业已有七年。学生讲了自己这些年的遭遇，他的家境尚可，毕业后靠父母的资助开了一家手机店，没多久就倒闭了；他又开了一家饭店，仍然倒闭；之后他开了干洗店、小吃店、精品店、花店，无一成功。前年，他借了钱开了一家小超市，又遭遇了倒闭的命运。他曾经形容自己"屡败屡战"，但面对自己"屡战屡败"的现实，他迷茫了。

何老师摇着头说："你为什么不早一点检讨一下自己，失败有两类，一类是死路失败，一类是活路失败。你竟然一直在走死路。"

学生大吃一惊,问:"什么叫活路失败?什么叫死路失败?"

何老师说:"你开店,开一家倒闭一家,说明你根本没有经营和管理能力,不适合自主创业,不管你多努力走这条路,前方都是死路,这就叫死路失败。活路失败是什么?你走一条路,失败了,不是你的能力问题,而是环境、处理问题的方法、他人的阻挠导致你的失败这种局面,克服了这些事,你有活路,这种失败不算失败。简单点说,失败的原因是根本的,就是死路;失败的原因是客观外在枝节的,就是活路。现在,你必须放弃死路,赶快找活路。我一直觉得你这个人喜欢闷头苦干,不适合做买卖,很适合待在大学,你考虑一下。"

"可是,我年纪这么大,现在去考研,是不是晚了?"学生问。

"这是一个问题,但不是根本问题。"何老师回答。

当晚,学生在网上订了考研所需的书籍,详细查询了各个学校的招生情况,他想起从前的自己也曾想过当一个大学老师。"也许,一开始的选择才是正确的。"他对自己说。

一年后,这个学生以不错的成绩考上了研究生,他再一次拜访何老师,感谢他为自己指了一条"活路"。

有些人对人对事的说法很别致,故事中的何老师,把失败分成两类:死路失败和活路失败。不管名字如何,这位老师对失败的认识是中肯而一针见血的,失败可不就只有这两类?一种失败继续往前走,柳暗花明又一村;一种失败继续往前走,南墙黄河棺材板。失败是成功的前身,这是对的,前提是你先理清自己遭遇的是哪一种失败。

在失败中找活路,是每个成功者都曾做过的事。但你必须认识到,有些失败就是用来挡路的,把你的路统统堵死,禁止通行。如果你还要和它软磨硬泡,那你今后的失败不是失败的问题,而是你的智商问题。不要总试图在堵死的路中寻找出口,你需要灵活地转一个方向,绕一个圈,不然只能白白浪费你的时间。

看清楚失败前面是死路还是活路,我们才能决定下一步行动。想要做出判断可没那么容易,因为我们总是对未来抱着幻想,对自己抱着信心,相信勇气带来力量。的确,这些都是成功的要素,但这些东西如果不佐以智慧,就会害了你。以下这些失败,是"此路不通"的同义词,你必须仔细考虑。

性格因素

江山易改本性难移,你不得不承认,性格对人的未来有巨大的影响,改变性格比改变未来难上数倍。每个人的性格都由基因、生长环境、个人经历等因素日积月累地决定,已经成为一种习惯,一种下意识的行动,一种条件反射。即使努力克制,也克制不了根本的东西。

所以,一个内向的喜欢安静倾听的人,并不具备优秀记者的素质,他更适合在咖啡馆里创作;一个有实力却犹犹豫豫的人,并不适合当一个领导,但他可能成为一个优秀的二把手;一个浪漫的喜欢热闹的人,不适合做幕后工作,那会让他们觉得憋屈……性格有时会成为我们的遗憾,但反过来想,每种性格也有它的优势。所以,在确立目标的时候,一定要考虑自己的性格。如果失败是性格因素造成的,选一条更符合自己性格的路吧,那才适合自己。

能力局限

人的能力有高下之别,有些人尽管努力,还是有一定的局限;有些人总想把每一件事都做好,但精力时间有限,常常搞得每件事差火候。人们查找自己的失败原因,内在外在原因找了一大堆,就是不肯找能力上的不足,就是不愿承认有些不足根本无法弥补。举个最简单的例子,一个矮个子当篮球队前锋并不是不可能,但在绝大多数情况下,矮个子有优势吗?现实残酷,就残酷在有些事你缺了补不上,拍马追不上,你必须"认命"。

要么你承认自己能力不足,转而寻找自己的天赋所在;要么你牢记"术业有专攻",用所有心思死钻一个方向,不考虑其他任何东西。否则,不要盲目相信"人定胜天",当你承认自己的能力局限时,你已经超越了这个局限,在这个局限上寻找新的方向,那才是你的命运所在。

阻力来源

很多失败来自各方面的阻力,很多计划的流产来自各方面的施压。畅通无阻的道路当然不存在,但有些阻力,你根本不能抵抗,还不如换个聪明的法子,或者改弦更张,或者暗度陈仓,总之,不要什么事都和巨大的阻力硬碰硬。如果你是个姑娘,父母硬是不同意你选的老公,你据理力争、一怒私奔,人们赞你一声魄力。其余的时候,你鱼死网破的姿态,更像有勇无谋。

查看阻力来源,估量此刻自己的力量。鸡蛋碰石头这类的事别去干。未来还长,机会还多,此时的后退是为了积累实力,是一种以退为进。有些压力需要你挺起脊梁,有些则需要你赶快躲闪,因为它可能直接把你压扁,让你这辈子都翻不了身。圆融一点,并不减少你的勇气,只会增加你的灵便程度。

当然,世事没有绝对,很多成就来自有些人能够战胜性格、超越局限、顶住压力,但这样的人太少,这样做的风险也太大。总结一句话:当你有一条更好的路可以选择时,不要去背水一战,一定要记住真正的生活并没有那么多绝境:破釜沉舟,是极少数人成功的秘诀;条条大路通罗马,才是更多人成功的真相。

挫折中孕育着智慧与经验

每一种挫折或不利的突变,是带着同样或较大的有利的种子。

——爱默生

一个青年与神对话,青年用悲哀的声音说:"我曾听人说,每个人都是造物主的恩宠,每个人都带着神赐给自己的礼物来到世间。但是,看看你给我的东西吧,你让我从小就失去父母,带着我的妹妹艰难地成长;你让我被理想的大学拒之门外,只能跟着别人去倒卖木材;你让我在长期的颠簸中肩痛、腿痛、腰痛,根本治不好;我受了这么多苦,好不容易发了财,开了自己的工厂,不到几年,就遇到了一个骗子,骗光了我所有的家当,这难道就是你给我的礼物吗?"

神说:"我不愿接受你的指控,要知道神的礼物并不是那么容易就能得到的,我给了你生命,其余的东西,需要你自己慢慢发现。你难道没发现吗?当你失去父母、抚养妹妹时,你比同龄人多了坚毅的品性和担当;你没有考上大学,才发现自己是块做生意的材料;你生病了,不再长途奔波,才开了自己的工厂稳定下来;你被人骗,才发现人心难测,以后做事就会更加谨慎小心——你以为这些事都是挫折吗?这些才是我送你的礼物!"

并不是所有礼物都有漂亮的外包装,有些礼物总是裹着挫折的外观,让人沮丧不已。失败已经让人情绪低落,还要动手把这失败拆开,一点一点从中寻找礼物,难怪世上的人不愿也不能从失败中汲取什么,他们痛还来不及,哪有心思再把伤口剖开? 所以,多数人都只能像故事中的青年那样,没有把努力变成成功,而变成了怨天尤人。

失败是成功之母,不论强调多少遍,这条名言始终让有些人觉得玄乎,"失败多了就能成功? 呵呵,那为什么失败的人那么多? "是的,失败和成功其实没有直接的因果关系,数个失败叠加在一起,并不会引起通向成功的质变。人们之所以把它们摆在一起,是因为它们之间不只是对立的,失败,有可能是成功的前奏。

关键在于你有没有脑子去分析挫折与失败的原因,不要机械地失败,失败一次,傻愣愣地尝试另一次,失败没有让你进步,只给你带来沮丧,这可以称作"无效失败",和成功没有半点关系。如果能从失败中汲取经验和智慧,就成了"有效失败"。要学会在困境之中,分析自己陷入困境的原因,遭遇失败的原因。

计划不周有可能导致失败。人们有了目标,想做一件事,急吼吼地开始行动,却不做任何计划,他们会发现所到之处处处都是困难。就像大雾来了,诸葛亮还没准备好草船,没算计好航线,没安排好将领,这箭还如何借得来? 发现自己缺少计划性,就要学着做计划,学着让自己的行动更周全,避免不必要的麻烦,这是人在失败中的一大成长。

后继无力是失败的一大原因。"强弩之末势不能穿鲁缟",有些人做事操之过急,一开始很努力,既不注意休息也不注意停顿,结果事情没完成,人不是累趴下了,就是没有一点兴趣。热情不能一下子使完,有张有弛,事物才能长久,把力气使均匀,这是人在失败中总结的一大智慧。

重蹈覆辙的人最易失败。一件事明明做错了,眼看着没有结果,偏偏有些人"不信邪",还是要按照老方法去做,撞了南墙也不回头;还有的人根本没意识到方法错了,下次照做不误。这样的失败者很难让人同情,在失败面前,他们学不乖,失败也只能一次次教训他们。

在所有失败中,功亏一篑最让人难过。万里长征却倒在最后一步,让人扼腕叹息。有时候我们不得不相信"运气"的存在。要知道世界上没有百分之百的成功把握,总会差一些条件,让你与成功失之交臂。这个时候,自嘲与自我安慰,都是你应该具备的能力,也让你的心胸更加开阔。能够冷静地接受失败,你已经跨越了一个台阶。

失败像是一道门,聪明的人会推开进去,找一点东西出来,然后再去推另一扇门。都说真理是谬误的邻居,一个努力的人只要肯不断判断哪些门不能推,哪些门可能有用,总有一天,会打开成功那扇大门,告别困境,享受另一番天地。

耐心,为理想加码

> 耐心是一切聪明才智的基础。
>
> ——柏拉图

实验已经做到了第三百零七次,全组的研究员都在忙碌,有的做记录,有的准备工具,有的还在计算数值,这个实验已经持续了二十几天,从现在进行的阶段看,不知还要忙碌多久,才能得出结果。工作人员们已经熬了几个通宵,他们决定轮流休息,因为这个实验还要进行很久很久。

一所大学的学生在导师的带领下走进实验室,进来之前,他们被详细地嘱咐,不能乱碰东西,不能乱问问题,导师希望带着这些学生看一看真正的科学实验如何进行,学生们还只是本科生,他们还从未体验过如此正式的实验气氛。一个研究员向学生们介绍了这个实验,一个学生咋舌:"什么?一个实验做了三百多次?"研究员说:"就算做三千、三万次也不奇怪,只要结果是最精确的,实验就是成功的。"

从实验室里走出来,导师继续给学生们讲研究员们的生活:他们每天睡觉的时间很少,一心扑在实验上,经过成千上万次的对比实验,才能得到成果。导师对他们说:"如果你们今后想要成为研究员,这就是你们要经历的生活,也是你们必须具备的素质。你们需要耐心记下每一个数字,观察每一个变化,你们需要付出几个月甚至几年的耐心,才能得到一个成果。不要觉得累和烦,不论你做什么工作,没有这种精神,你不可能取得成就。"

每一项科技成果都由成千上万次的实验得来,每一种成功都需要百转千回。在这漫长的摸索和等待之中,坚持到最后的人寥寥无几。那些停在中途的人,受不了枯燥机械又冷清的生活,他们迫不及待地去寻找另一种活法,很快,他们发现不管哪种活法,都不像表面上那么有趣,不管在哪个领域,想做出成就的人必须有耐心。

夜幕降临,让我们拉开城市里每栋高楼的窗帘,看看那些有恒心的人在做些什么。

一个想要成为作家的人正在码字,他要写一篇精炼的短文,只有五百字,但他已经删删减减地写了五千字,还没有达到满意的效果。于是,他冲了一杯咖啡,坐回电脑前;

一个数学系的学生正在演算一个命题,地面的草稿纸已经有高高的一摞,他又发现了思维的漏洞,重新又算了一遍,他知道这远不是结束;

一个有名的芭蕾舞蹈家正在练功房里对着镜子练舞。她的腿和脚早已因沉重的练习变得青青紫紫,此刻,她练习的是最基本的动作,她还要把同样的动作练三个小时;

一个小公司的老板正在研究货物的报表,核算成本,创业艰难,他愿意做这种细致的工作,掌握每一个步骤。他相信想要战胜对手,就要比对手想得更细,做得更多……

同样的时间,我们再看看那些缺乏耐性的人在做什么。

一位护士正在帮病人擦洗身体,她满脸倦容,手上的动作透露着不耐烦。潦草地结束了工作,她开始拿手机刷婚恋网站,她希望赶快嫁给一个能养着自己的人;

一个小学生正在接受跳水教练的批评,教练说:"虽然你是种子选手,但你的动作会限制你的发展……"小孩一脸不耐烦,恨不得马上下课;

一个刷碗工正在后厨清洗餐具,这家餐馆规矩很严,规定每件餐具都要清洗五次以上,刷碗工抱怨着老板的死心眼,一边想着如何才能偷懒少刷几次;

一个生物系的学生对着真菌培养皿发呆,他已经观察了六十多个小时,他觉得自己已经到了极限,实验根本不可能有结果。他决定睡觉。呼噜声响起的时候,培养皿中的真菌发生了变化,而学生睡得正香……

看着这样的对比,无须再说更多,我们很清楚地知道谁会是成功者,谁将会有损失。不论事业还是生活,没有耐心都是一件得不偿失的事。聪明才智也好,处世经验也好,所有的得到都要求人们用耐心和努力去换,所有的错失都是因为人们操之过急,总在成果还没露头之前,先选择放弃。

在困境中,耐心的作用尤为突出。耐心首先表现为不放弃,然后表现为冷静的观察力,最后表现为反戈一击的实力。所有的成功都是困境中的跋涉,没有耐心,等于失去了武器。所以,任何时候,我们都要注意耐心的作用,注意培养自己的耐心。

有些人一开始就有耐性,他们有的是慢性子,有的天生就一丝不苟,他们不在乎步骤有多繁琐,等待有多漫长,可以每天、每个小时、每分钟都保持同一种状态,他们的心态也是平静的,相信只要一步一步慢慢走,结果只是个时间问题。

有些人在探索中学会了忍耐。为了达到目标,我们需要忍耐的东西太多了。成功并不是一次刺激的冲浪或蹦极,心脏狂跳的兴奋感由始至终。更多时候,我们需要面对烦躁和乏味,需要把简单的步骤重复十万八千次,需要把同样一句话练习得想吐。我们需要有足够的耐性,才能抵抗这些折磨。

而且,我们需要忍耐寂寞。并不是所有人都能找到志同道合的同伴,更多时候,我们需要孤军奋战,他人的鼓励和帮助,只能给予精神上的温暖,起不到实际效用。一个人努力得太久,我们会质疑努力的意义,甚至会觉得绝望。如果没有耐性,就算我们知道春天不远了,又真的能熬过寒冬吗?

我们遭遇困境、失败、挫折,都需要靠忍耐来继续坚持,我们必须告诉自己:"跌倒了并不可怕,重要的是能够在站起来的时候抓到一把沙子,然后聚沙成塔。"是的,我们得到了经验,但经验并不能治疗我们的痛苦,这时候,我们需要忍耐。

我们不断地努力,不断调整计划,把失败了的事再做一次。但一次次的打击,那种挫败感并不能靠新的计划消除。我们依然要忍耐,忍到成果出现的那一天。

我们等待着时机,一天天一年年,即使做好了准备,时机总是姗姗来迟,让我们觉得失望孤单,再好的成果也不能让我们飞跃,这个时候,还是要忍耐……

我们在忍耐中坚韧,在等待中强大,在磨练中振翅欲飞,所以人们才说:百忍成金,百炼成钢。当我们学会忍耐的时候,就已经了解了成功的含义。

以从容的心态看待不幸,一切没那么糟

> 如果发现火柴在口袋里燃烧起来,你应该庆幸,幸好口袋里放的不是火药库!
>
> ——契诃夫

一支军队正在行军,骑在马上的将军眉头紧锁,他是一个身经百战的骁将,有丰富的行军经验。这一次兴师远征,粮草充足,不愁供给。但一连下了几天大雨,在泥泞中行走的兵士们苦不堪言。他心中暗暗着急,再这样下去,还没赶到敌国的城墙下,士兵就累的累,病的病,对攻城大为不利。将军更担心的是敌国早已得到消息。如果敌国依靠地利打持久战,那己方的胜算就会变得更小。

雨一直没停,更不幸的事发生了:疫病正在军中蔓延。生病的人高烧不退,神志恍惚。看到得病的人越来越多,将军果断地下令:停止行军,撤回都城。百姓们都为这次不成功的出征惋惜。后来,派往敌国的探子传来消息,说敌国早已坚壁清野,做好了守城准备,援军也在各地集结。谋士们对将军说:"难怪撤军的时候,将军面有喜色。"将军说:"幸亏有那场瘟疫,不然我们劳师袭远,恐怕所有士兵都要把命送在对方城下。现在,我们的士兵们经过及时的治疗和休养,已经恢复了精神,塞翁失马焉知非福,古人诚不欺我!"

我们从小就听过这样的教诲:临危要不惧,不能慌手慌脚,自乱阵脚。教诲都是深刻的、正确的、简明扼要的,也都是抽象的、空泛的、没有质感的,就算我们对自己说一万次临危不惧,危机真来的时候,我们照样没办法闲庭信步,指挥若定。有些人通过不断的锻炼,有了这种气概,有些人努力了一辈子,依然慌慌张张。

逆境、不幸、危难、困窘,考验以各种形式降临,战胜考验的无非是习惯和信念。有些人习惯了各式各样的考验,他们知道考验何时可能出现、以什么样的形式出现、用什么方法可以克服,这样的人,大多身经百战,且百战不殆,对他们来说,战胜不幸已经成了一种惯性,他们对困境太熟悉了,能够游刃有余—— 一块石头绊倒了他们,他们随手就将它当作垫脚石,继续走得风生水起。

初出茅庐的人没有经验可以倚仗,就算旁人把经验告诉他,真正遇到考验时,这些东西都成了纸上谈兵。只能硬憋一口气,咬着牙坚持下去。其实,战胜考验还需要用点"巧劲",投机取巧固然不好,适当的变通却能让人以最快的速度打开局面。这种"巧劲"需要你开动脑筋,仔细观察局面,再仔细想想下面的东西。

看看有没有人可以帮你

孤胆英雄的确有悲壮色彩,但生活就是生活,人人为我我为人人,不要事事单干,总不愿借助他人的力量。向父母亲友求助,他们将这种援助当成责任;向有利益干系的人求助,成就的是互惠双赢;向毫无关系的人求助,人家未必不想卖你这个人情。

还要记住,可以帮你的人不一定在你身边。信陵君窃符救赵,帮他的人在宫里,在闹市,事物的联系千丝万缕,不要只盯着眼前,要看到困难的背后是什么,解决困难的办法究竟有多少种。你会发现,能帮你的人远比你想到的多。

想想有没有另一条路

一条路走到黑并不是聪明的做法,同一个目标,可以走直线,也可以走曲线,大部分的人想要走直线,但多数成功者走的都是曲线。走曲线和走弯路不同,弯路是多了不必要的枝节,让事情变得麻烦;曲线是减少不必要的麻烦,尽管一眼看去,走的路长了,用的时间多了,却取得了最高的效率。记住,你选择的道路是对的,但走路的方法,具体的路线都可以更改,不要拘泥于一开始的计划,要学着灵活变通。

想想更糟的局面

这是一种最有效的心理安慰方式,遇到糟糕的情况,告诉自己这不是最糟的,还有更糟的,没有遇到更糟的那种,已经是一种幸运。于是,你的心理上瞬间得到平衡,困难的局面也不再让你捶胸顿足,因为你要在更不幸的事发生之前,争分夺秒脱离困境。如果更糟糕的事发生了呢?没关系,没有最糟只有更糟,再想一种比更糟还要糟的情况,你依然是幸运者。

总而言之,遇到困难,别把自己当成受害者,一定要把自己当成一个幸运者,感谢事情没有变得更糟,感谢命运对你不是最苛刻的,感谢逆境给了你机遇和能力,还帮你淘汰了多数竞争者,感谢你依然有重新调整计划的机会……对困境,你看得越透,想得越开,状态就越好,越能调动潜力和才智,你需要从容不迫,真正的幸运者总在告诫自己:要更加从容。

第十二章

信念激发潜能
——潜意识的巨大推动力

　　信念，是心灵中最坚韧的部分，它是开发潜能的利器。一个人拥有坚定的信念，才能勇往直前，战胜一切对手。信念不是单一的，而是包括方方面面的内容，它们能直接转化为果断的行动，并常常激发潜在的力量。

　　信念决定命运。对未来的信念，成就你的人生；对生活的信念，成就你的幸福；对胜利的信念，成就你的优秀……想要成功，先对世界亮出一张"信念牌"。

心理暗示，潜意识的内在能量

> 最可怕的敌人，就是没有坚强的信念。
>
> ——罗曼·罗兰

罗杰·罗尔斯是美国纽约州第一位黑人州长，他不是财团后裔，而是来自贫民窟，他的一切成就靠自身的天分和努力。当人们问起他的成功经验，他说他的经历不值得大书特书，就像一切有成就的政治家那样，他不过走了和他们相同的路，付出了和他们相同的努力。"如果硬要说有什么改变了我的命运，我可以给各位说说我小学时的校长保罗先生。"

罗尔斯小时候很淘气，有一次他从窗台上跳下来时，正好被校长看到。罗尔斯很紧张，以为自己一定会被臭骂一顿，没想到校长仔细看着他的小手，郑重地说："看到你的小手指，我就知道你将来能成为纽约州州长！"年幼的罗尔斯把这句话记在心里，从此开始不断进步，内心始终以高标准要求自己。几十年后，校长的"预言"实现了。

为什么父母喜欢用"你将来一定能当科学家"、"你将来会成为世界一流的音乐家"、"你将来一定能成为大富翁"来鼓励孩子？因为他们深知潜意识的重要，他们的话，给孩子一种暗示，让孩子们产生自信，并确立目标，为之努力。

但是，尽管每个孩子都受到过类似的鼓励，世界上的著名科学家、一流音乐家、大富翁为数依然不多，不是每个孩子都能像故事中的罗尔斯那样，把信念转化为动力，这中间到底出了什么问题？难道成功者真的是命运的宠儿？

答案没有那么神奇，父母们的激励，给孩子的仅仅是一种积极的心理暗示，让孩子们坚定信心，充满勇气。不得不承认，成功需要发挥想象力。有人喜欢把自己想象成失败者，他们很少能够成功，因为在事情开始之前，他们的心灵已经被沮丧占据，根本提不起斗志。他们暗示自己："再努力也没用，一定会失败。"相反，有些人总是想象着自己成功后的样子，想象着将会得到什么样的奖励，别人会用怎样的羡慕眼神看自己，他们会越来越有劲头。而孩子们单纯的心灵，更容易被这种想象所感染。

心理暗示属于潜意识领域的内在能量，相信你也听过著名的"冰山理论"，人的意识犹如冰山一角露在水面，其余的更大的部分，全部是水面下巨大的冰山，我们根本意识不到它的存在，但它的存在不可忽视。我们的性格、情绪、生活全都受潜意识影响。所以，我们不能仅仅注意自己的情绪，真实的生活，还有具体的方法，还要注意潜意识领域，不断发掘自己的想法，或者说，我们应该设法利用潜意识，让它帮助我们。

"喝凉水的时候不要吃辣的东西，否则，你一定会拉肚子。"这是莎拉从小听到大的教诲。类似的还有"做蛋糕的时候不要用打蛋机，一定要动手搅拌""女孩子穿丝绒短裙显得不正经""梳平头的男人都很死板"等等，这些教诲来自莎拉的妈妈，即使莎拉长大后并不觉得使用打蛋器做的蛋糕和没有使用打蛋器做的蛋糕有差别；并不觉得穿丝绒短裙的女孩子放荡；也遇到过很多个性灵活的梳平头的男人，她还是很难摆脱看到丝绒短裙就想到"这女孩是不是很会交男朋友"、看到男人梳平头想到"这个人会不会很死板"的第一印象。

莎拉的专业是心理学,她常常以自己的幼年教育为例,强调暗示对人的巨大影响。她知道即使没有逻辑联系的事物,也会在经常性的暗示下变得"有联系"。她举例说:"各位觉得,蒙着棉被喃喃自语和获得世界冠军有没有关系?毫无疑问,它们根本没联系。但是,有位俄罗斯运动员每次参加比赛前都要蒙着棉被自言自语,她说如果不这样做她就没信心,这样做就一定能成功——结果就像她说的,她每次都捧回金牌。这就是心理暗示的力量。"

我们每个人都曾受到过一些似是而非的教诲,就像莎拉听到的那些劝诫,喝凉水和拉肚子没有因果关系,丝绒短裙也决定不了人的品性,但我们一旦被灌输了某种观念,就会变成我们对事物的判断依据,根深蒂固,很难摆脱。所以,暗示有双重力量,一方面固然让人坚定了信念,另一方面也让人在某种成见中无法自拔。

所以,想要利用潜意识的力量,首先要认清暗示的种类。我们从小就受到过无数种暗示,直接参与了我们价值观的形成。我们不能太过相信头脑中的念头,它们很可能跟"吃辣东西会拉肚子"一样以偏概全。随着人生经验的增加,我们必须及时修正头脑中的那些错误认识,即使它们已经深入骨髓,很难挖除。

寻求客观的角度,是摆脱错误暗示的最好方法。遇事想到的应该是观察、比较、分析,然后再做出结论,而不是根据脑子里的固有念头,草率地判断,这会大大增加犯错的几率。对待任何事都要有一个客观的态度,才能了解事物的全貌与事情的过程,基于这种态度产生的判断,才是可信的,偏差小的,才能形成正确的心理暗示。

那些强烈的心理暗示又叫信念,比起信心,信念无疑更具体,也更强烈。信念有一个明确且无可动摇的目标,佐以达到目标的信心、接受考验的自觉和战胜困难的勇气,它无形,不是智慧也不是经验,不能给你带来实际上的益处,却能给你真切的力量,让你在困难时候想到它,就能咬紧牙关再坚持下去。人们说有信念的人没有敌人,就是在强调信念的巨大作用。有信念,是突破万难的条件之一。

信念是由多种暗示共同组成的,因为大目标可以拆分为阶段性、局部性小目标,信念也就由"我肯定能够克服困难"变成了"我需要再坚持一下"、"我需要忍住这个上司的苛责"、"我一定能通过这次考试"等等具体的小暗示,这些暗示既是一种心理安慰,也是一种自我激励,多多使用,会让人变得更加乐观积极。

有信念的人,未必把自己的信念公之于众,因为信念往往为了遥远的目标,在具体的现实生活中,大可不必挂在嘴边供人议论。在日常生活中,我们可以运用暗示的地方还很多。例如,在人际交往上,多暗示"我是一个受欢迎的人",就会变得开朗;在工作上,多暗示"这次的任务一点也不难",就会减少压力;在生活上,多暗示"事情不多,很快做完",就能控制烦躁的情绪……潜意识当然也有负面作用,我们需要选择它积极的一面,多给自己积极的暗示,才能让它发挥威力,将我们带向正确的地方,成就美好的人生。

除了第一，不必考虑其他目标

> 我相信强烈的目标，这种可以使人完成任何事情的诚恳精神，这种自我忠实，是使人的心灵成就大业的最大因素。
>
> ——罗宾森

朱小姐说，对她影响最大的不是伟人名人，而是大学时的室友玲。她至今还记得玲的习惯：每天早上都拉着她第一个走出宿舍，第一个进入教学楼，选择第一排的座位等老师到来。一下课，又迅速拉着她跑向下堂课的教室，坐在第一排。

"为什么一定要坐第一排？经常被老师点名，不能吃东西，不能看手机。"她问。

"就是这样才好啊，保证我们能全神贯注地听课。"玲回答。

朱小姐花了很长一段时间，才习惯坐在第一排，她必须规规矩矩地做笔记，不能溜号，不能漏下老师说的每一句话。因为老师经常会叫坐在第一排的学生回答问题，她和玲还要提前预习，及时复习，以免被叫起来的时候回答得不好，被其他同学笑话。在玲的带动下，一向在学业上马马虎虎的朱小姐以优异的成绩毕业。

找工作的时候，朱小姐去参加一个知名企业家的讲座，教务处安排这次活动是为了教导大学毕业生如何找工作，职场新人需要具备哪些素质。玲不在身边，朱小姐却习惯性地第一个到场，坐到第一排中央拿出笔记本。企业家讲完，顺手把几张名片递给了坐在第一排的学生，朱小姐将名片夹进笔记本。

找工作并不顺利，焦头烂额的朱小姐突然想到，她有这么一张名片，可不可以给这个企业家打个电话，问问他缺不缺人手？忐忑的朱小姐这样做了，没想到，企业家爽快地说："那天我给你们名片,就有这个意思,你能打这个电话,说明你够主动! 我欢迎你! "

朱小姐这时才深刻体会到"坐在第一排"的好处,只有这个位置,才能保证被机遇眷顾。她给玲打了感谢电话,并保证上班后,会继续执行"第一排精神",绝不落后!

有竞争,就有第一名。为什么每个人都想做第一? 因为第一名不但带来了对自己的肯定感、他人的羡慕,还为自己带来无数个机会。尽管人们总是在强调"综合素质",但在选拔人才的时候,看的总是成绩单上第一个人:素质固然重要,实打实的成绩最有说服力。

"第一"不单单指成绩,还包括生活的方方面面,随便举几个例子。

第一印象:接触人时,我们总会给别人留一个最初印象,心理学上有一个"首轮效应",说的是人们往往根据第一印象判断一个人的人品和能力,而这个判断很少随着交往的深入而改变。所以,在人际关系上,留一个好的第一印象至关重要。

第一发言:在团体中,有些人喜欢发言,有些人习惯沉默。而上级最注意的既不是那个踊跃的每次都侃侃而谈的人,也不是那些沉默是金的人,而是他第一次提问,当大家都有些犹豫的时候,肯站起来的人。只要他做了第一个发言者,哪怕过后再沉默,别人也已经牢牢地记住他了。

第一位置:有些人最喜欢抢第一排座位,道理很简单,视野好,听得清楚,最引人注意;有些人喜欢在小团体中占据"leader"位置,既锻炼自己的能力,又让事情尽可能按自己的设想发展, 还能得到更多的提升机会。第一位置就是有利位置,抢占对未来最有利的位置,你已经站得比别人更高,尽管压力大,优势却也非常明显。

竞争意识、独特意识、积极意识等等因素糅合起来,可以称之为"第一精神",

有这种精神的人敢为人先,什么事都敢将自己"暴露"在"第一位置",他们有一种无畏的精神,即使会遭遇挫折,也会时刻准备着迎接挑战。就是因为这种精神,他们受到了比旁人更多的重视,人们总会想起他们,觉得把事情托付给他们,是件令人放心的事。

克里升入高中的时候,他的初中班主任皮特女士忧心忡忡地对克里的父母说:"克里是个优秀的孩子,品德好,能力强,但他没有任何竞争意识,我担心他今后会在这一方面吃亏,希望你们能多注意这个问题。"父母就这个问题专门和克里谈了一次话,克里说:"为什么一定要和别人竞争? 顺其自然不好吗? "

进入高中后,克里依然保持着这种性格。在这所有名的高中里,学生们在学业、在课外活动上都展开了激烈的竞争,克里的成绩始终不上不下,他的老师总觉得克里太过漫不经心,有一次他问克里:"克里,全球最高峰是哪一座? "

"是珠穆朗玛峰,先生。"克里回答。

"第二高的山峰呢? "

克里没回答出来。老师说:"你看,这就是第一名和第二名的区别。"

这次谈话给克里留下了深刻的印象,他认为老师举的例子别有深意,但是,他并未改变自己的性格。直到有一天,学校要求每个班推荐 15 个学生去参加一个知识竞赛。克里对此很感兴趣,但是,按照成绩,他排在第 16,没能取得竞赛资格。

老师趁机教育他:"你看,如果你平时更努力一点,取得资格不成问题。错过这次竞赛没什么,但以后如果有进入重点大学的免试推荐,有交换留学生的机会,有参加全国竞赛的机会,选拔的比例就会更小,你不保证自己是第一名,就有可能错过这些机会。"

老师的话终于震动了克里,从那天开始,克里变得积极进取,很快有了进步。

"第一精神"的培养,越早越好。一个人从小就爱争第一,和成年后才重视竞争,他们之间已经差了一截。故事中的克里倘若早些开始努力,就不会错过想要的名额。就像老师说的,机会只在很少的人里进行选拔,保证第一,才是抓住机遇的良方。

张爱玲女士有一句话:"成名要趁早",这句话有很多层面的含义,成名,固然有一定的功利性,但在这样一个时代,早一点发出自己的光彩,早一点呼唤机遇之神的到来,在机会中磨练自己,不失为一个通向成功的方法。虽然"成名"会给年纪轻的人带来诸多压力,会让人变得浮躁,甚至狂妄,这种性格上的考验只有克服,才能更进一步。

所以,"第一精神"和"趁早意识"都很重要,可有些人总是觉得太要强是一件危险的事,古语说出头的椽子先烂,他们总担心自己一冒头,就成为他人忌妒攻击的目标。这种担心并不是没道理,害红眼病的人的确不少,但是,总不能因为怕他们,就把自己埋没在人群中,这简直是一种鸵鸟行为。

枪打出头鸟是危险的,中庸之道更危险,因为凡事都想不上不下,不左不右,只会让人心甘情愿地待在"中等状态",平庸的人不思进取,他们则是"不敢进取",始终觉得"是金子总会发光",而那些会走路的金子们早就飞速前进,把他们远远地甩在后面。一个没有竞争精神的人是可悲的,他会把本属于自己的东西拱手让人。所以要记住,性格的淡泊思想的境界是指放下得失计较,而不是连竞争意识都不要,否则不是淡泊,是没用。

最后要说,不论团体基数如何,第一只有一个。不是每个人都能成为第一,但每个人都不应该放弃"争第一"的念头,唯有这个念头才能让自己不断前进。"争为第一,不耻最后"才是我们最应该具备的信念,它能够让生活呈现出积极的态势,让我们肯定自己,不断提升,以最快的速度接近目标,这正是有信念的人的最佳状态。

必胜的信念，让你战胜对手

> 这世界除了心理上的失败，实际上并不存在什么失败，只要不是一败涂地，你一定会取得胜利的。
>
> ——亨·奥斯汀

郭东是学校有名的羽毛球选手，经常代表区里参加市里的比赛，每次都能拿到二等奖。他也因此成了学校的小名人。每天练习的时候，有很多人在旁边看。这一切并没有让十七岁的郭东沾沾自喜，相反，他每天都在琢磨怎样提高技术，才能超越吴昊。

吴昊是另一所高中的学生，每次都在决赛中遇到郭东，每次都能以微弱的优势打败郭东。郭东不明白，两个人的实力不相上下，为什么每一次都是吴昊第一，他第二。他想知道两个人的差距究竟在哪里。他反反复复地观看比赛录像，怎么看都觉得论技术，吴昊并不比自己强，为什么每次都会赢了自己？难道他是自己的克星？又一次比赛即将开始，郭东想到又要遇到吴昊，一个头就两个大。

吴昊却从没有过这种想法，每次比赛之前，他都坚信自己一定能打败所有对手，包括与他势均力敌的郭东。他从来没想过输，也不在乎输给谁，就算输了，大不了下次赢回来。也许就是因为这种心态，每次他都能发挥出稳定的水准，奠定了他常胜将军的地位。

每个人都渴望胜利。在竞争中靠实力打赢对手，比起一路平稳地走到终点，更让人觉得痛快和成功的喜悦。对手的出现，是成功的障碍，也可以看作成功的前兆，一个强大对手对人的激励作用，远远超过其他东西的鞭策。这是因为，对手离你最近，和你能力相当，有他的存在，你看到了一个坐标，你不敢松懈，不敢有差池，你会更加自律，因为你知道一旦松劲，你马上就会被对方落下。

不是所有人都喜欢有对手，《三国演义》中，周都督一句"既生瑜何生亮"道出了千百年来人们对对手的忌妒与无奈。对手总有我们不具备的东西，做起事来总像是比我们更顺利，不论聪明还是能力，都略胜一筹，让我们常常在成败之间焦虑，做梦都会想如何战胜对手。

不过，既然能成为对手，我们自然也具备对手畏惧的条件，也许我们同样是对手绞尽脑汁想要战胜的目标。看看奥林匹克运动会上的那些冠军和亚军，他们差的不过几毫米、一秒半秒、一个半个动作，可以说，他们资质相当，谁成为冠军都不奇怪，而最后登上金牌领奖台的人，往往是信念更强的那一个。

对胜利的渴望超越一切，才能激发你的潜能。要相信成功者只有一个，那个人必然是你，要一直想着自己一直以来的努力，自己下的苦功，相信没有比自己更用心的人，这些都能把平日的积累转化为争强的意念。所谓的"超常发挥"，都在咬紧牙关之后，那个时候，没有人会去想对手在干什么，他们眼中只有目标和胜利。

绝对的胜利意念，能够协助你走向成功。当你把所有失败的因素统统打倒，当你的心中对成功不存有一丝疑惑，你就能调动所有的力量，全心全意直奔终点。有这种信念，对手、困境都不再可怕。那么，如何建立"必胜信念"？

效仿你的榜样

榜样的力量是无穷的,榜样可能是你的前辈、你的对手、你喜欢的某个偶像,他们的思想、行为无形中影响着你。那些积极的力量、顽强的个性、独具魅力的人格,都值得你反复琢磨,向他们看齐。特别是在困境之中的时候,效法榜样的沉着和刻苦,会让你迅速长大。不论遇到什么难关,想想你的榜样是怎么做的吧,和他们一样战胜困难,你才能更接近他们。

关注你的对手

有些人对自己的对手表现出冷淡与藐视,总不把对方放在眼里,甚至还要用言语挤兑几句,以显示自己的优越感。其实你什么样,对方什么样,大家心里都有数。还不如大大方方地承认对手,随时关注对手的动态,以免自己应对不及。那种有心胸又有智慧的人,更愿意把对手变为朋友,平日共同探讨、共同进步,竞争时各尽其能、各展所长。

广泛听取意见

信念必须有坚实的基础,这个基础就是来自众人的支持与建议。不要养成独断专行的性格,要多多听取别人的意见,也许那意见很刺耳,让你心里不舒服,但世界上最有益的良药永远是苦的。你越懂得弥补自己的缺失,改掉自己的缺点,你的弱点就越少,竞争力就越强。在建议面前,永远不要捂上耳朵。

记住,想要胜利的人在全力以赴之时,绝对不能想"失败了怎么办",在计划中,你可以给自己留后路、留空间,在实际拼搏的过程中,没有退路,没有空间,第一只有一个,不论遇到什么情况,都要告诉自己"狭路相逢勇者胜"。胜利者只有自己,这是唯一的信念。

仰望自己，给信念一个高度

> 喷泉的高度不会超过它的源头，一个人的事业也是这样，他的成就绝不会超过自己的信念。
>
> ——林肯

陶冬是宿舍里有名的"自恋狂"，据她的室友们说，陶冬的床边贴满了自己的艺术照，陶冬的手机铃声是自己录的歌，陶冬的每本书上都写着四个字：仰望自己。陶冬还喜欢对室友们自吹自擂，说自己的能力如何强，说自己的未来如何远大。陶冬说她的目标是创立一个跨国美容机构，倡导先进的修身理念和美容理念，让东方美容和西方美容结合，把中国古典美推广到全世界。

这些话，室友都当成笑话。因为陶冬学的是对外贸易专业，和美容完全没有瓜葛，何况，陶冬的外语差极了，连和人用中式英语对话都很勉强，还谈什么跨国？但陶冬却从未放弃自己的"伟大梦想"，她每天都在看典籍，练英语，双管齐下。她还自己动手做胭脂、做口脂、做手工皂，瓶瓶罐罐堆满了宿舍，让舍友们抱怨不已。

半年后她们就不抱怨了，她们都用上了陶冬自制的滋润性很好的纯天然汉方化妆品，陶冬还在不断地研制新品，室友们也愿意帮她捣花瓣、点精油、计算冷冻时间。她们渐渐觉得陶冬总挂在嘴边的"我一定会做一番大事业"也许并不是吹牛。

大三那年，陶冬开了个淘宝小店，靠物美价廉的商品招徕顾客。为了让店面更吸引人,陶冬自学了摄影、修图等技术,甚至学会了如何编网页代码,室友们再也不嘲笑她,而是佩服地对她说:"你真是什么都能学会。"

毕业季节到了,陶冬已经在本市租好了一套住房,她准备扩大网店,积累资金,为自己将来的第一家美容院做准备。她还去报了一个学习美容的学校,想要博采众长,增加自己的竞争力。陶冬的室友们都说:"陶冬让我特别佩服。"陶冬本人却说:"其实,我跟你们吹了四年牛,自己心里根本就没底,但是,我必须一直这么说,说着说着,我也觉得自己什么都能干,什么都能干好,没想到,这全是真的,哈哈哈!"

理想倘若没有高度,就会让自己产生懈怠,想到自己付出那么多的努力,不过成为一个普通人,谁能提得起精神?所以,人们立志,总是立大志。所有的高度其实都是由自己决定的,给自己一个高度,然后仰望理想的自己,接近理想的自己,这就是信念。

自己仰望自己,听上去有点自恋。但适当的自恋没有坏处:先喜欢自己,别人才能喜欢你;先相信自己,别人才能相信你;觉得自己好,就会往更好的方向努力,别人也更能发现你的好。自恋一点又何妨?归根结底,是我们在选择生活,而不是别人在规定。

信念的高度又是由什么决定的呢?如果认为自己是无所不能的超人,这个高度注定给自己带来绝望:我们不能做到的事实在太多了,最简单的一条是我们不能像超人一样在天上飞来飞去。高度要有,限度也要有,不要把自己做不到的事当高度,说到底,我们是普通人,可以有远大理想,但不要有不切实际的幻想。

高度应该由能力的极限来决定。你的愿望是什么,你的能力又是什么,把所有的潜力都发挥出来,能做到什么程度?那就是你应该确定的高度。当然,你可以适当地再提高一点,这并不过分。不是每个人都有判断极限的能力,要多看看前辈们的经验,如果一个资质和你差不多的人曾经达到过你定的目标,无疑,你也有可能做到相同的事,甚至做得更好。在评估能力的时候,一定有现实的参考,切忌凭空乱想。

高度有了,接下来需要的是不懈的攀登。一个人不能只有思想上目标的高度,他必须以实际行动证明这个高度。这是一个坚定信念的过程,我们需要做一些更具体的事情,来巩固这个信念,让它不会从高处摔下来,粉碎我们的自信。要用各种方法让自己奋进,即使有逼迫自己的嫌疑,也不能失去这个高度。

把信念说出来

有些人不喜欢对人说自己的信念是什么,一来有性格原因,二来,人们都不愿看到愿望落空的那一天,曾经信誓旦旦的信念成了他人口中的笑柄。说穿了,每个人都要面子。

"要面子心理"有很多作用,我们可以加以利用。把你的信念告诉身边的人,让他们都知道你想做什么,你一定会做到。这时候,你没有退路,为了面子冲吧,苦要受着,痛要忍着,多少困难都要想办法克服。逼着自己必须去执行,必须要实现。不要担心别人笑话你,你会发现最初的质疑过后,更多人会在你懈怠的时候提醒你、鼓励你———一份信念能够激励自己,也会感染他人。

回味某一次成功

没有谁的信念能够始终如一地坚定下去,总会有些时刻产生疑问和动摇。特别是那些在高处的信念,更容易"高处不胜寒"。这时候你需要及时补充信念的生命力。

回味过去的成功,是最简单也是最有效的办法。想想曾经遇到过的某一次重大困难,你靠着努力挺了过去,这时候你就可以对自己说:"这么不容易的事你都做到了,还有什么事能难得倒你?"成功的感觉可以促使人奋发向上,也可以引起连锁反应,一次成功,往往带动更多的成功。不过,不要在回味中得意忘形,路还很远。

给自己一点奖励

成功的过程常常是寂寞的,因为在途中没有人会给你发一张奖状,奖励你取得"阶段性成功",你只有走到最后,才能让人惊叹。

所以,在跋涉的道路上,要经常给自己一些奖励。可以对自己说几句赞美话,可以犒劳自己一顿美食,可以买一件早就想要的东西。这些具体的东西,把你的进步变成了实体,让你确切地感觉得到。比起计划书上的勾勾圈圈,它们更有说服力,说服你更加相信自己。

想做一个值得仰望的人,先仰望自己。注重计划的高度、信念的高度、生活的高度,就会以更严格的标准来要求自己,以更饱满的精力投入追求。你会发现自己能做到的事比自己想象的更多,那些看似遥不可及的梦,越来越清晰可感。记住,人往高处走,只有在最高的地方,才有最美的风景。

经营自己,给信念添上双翼

> 一个人必须把他的全部力量用于努力改善自身,而不能把他的力量浪费在任何别的事情上。
>
> ——托尔斯泰

魏小姐是个非常有魄力的女人,她做起事来雷厉风行,从不拖泥带水。对人生,她一直有远大的规划,并付出了切实的努力。她已经把未来几十年的生活计划好,最近,却发现计划卡了壳,这让她不得不谨慎地寻找原因。

魏小姐知道自己有领导力,但并不适合自主创业,她几经努力进入了一家跨国公司,希望在这里逐步晋升,在一个体面的位置退休,然后环游世界。按照她的计划,工作前三年是储备期,主要是学习和跑腿,然后逐步晋升。如今她已经工作了五年,还只是一个小小的组长,这与她的计划差距很大,从前的她以为,工作五年一定会升为主任,至少也是副主任。

在最近的一次人事变动中,魏小姐再次看到自己的同事成了顶头上司,她不明白为什么领导们要提拔一个能力不如自己的人。她打电话给一位上司,请他解惑。那位上司说:"工作能力只是考察的一部分,我们更重视一个员工能带来的团体协调性。提拔你,你不能服众,又喜欢独断专行;而另一个人,却能把大家团结在一起。"魏小姐这才明白,自己只顾着向前跑,忘记了对周围环境的经营,不知不觉成了"光杆司令"。

魏小姐渐渐变了,从前的疾言厉色变成了对他人的温和,她还会主动替有事的同事代班,主动与他人切磋交流,她要用更多的实际行动支持自己的信念,弥补那些错失的时间,她相信,未来依然会在她的掌控之中。

人究竟是在和别人竞争,还是在和自己竞争?表面上看,想要成功就要战胜对手,实际上,实质的问题是:想要进步必须战胜自己。试想,当你把自己打磨得面面优秀,机会眷顾谁?当你始终站在第一的位置,成功属于谁?所以我们需要信念,需要决心,需要战胜自己的智慧和勇气。做什么事,都要先从自己本身做起。

一份信念如果始终像愿望一样高高飘浮在天空,让我们心驰神往,想得久了,也会使我们产生一种疲惫的疑问:我真的能做成这件事吗?这显然与"我肯定能做成"这件事的信念背道而驰。所以,我们必须时时为信念添砖加瓦,才能让它越来越茁壮,直到无坚不摧。这种"砖瓦",就是我们要懂得经营自己。

　　就像故事中的魏小姐,她的信念是坚定的,却少了一部分支撑。有信念的人本身都有一定的才能,对未来也有明确的计划,但他们中的多数人有个特点:只在必要的时候才肯查缺补漏,平日不是埋头苦干,就是向前猛冲。而那些被他们疏忽的东西,常常成为绊脚石,让他们摔上一个大跟头。

　　那么,我们应该如何为信念扩充更多的内容,让它更好地支撑我们? 一定要注意信念的"周边地带",不要把信念当作人生的全部,也不要觉得为了一个目标什么都可以舍弃,你的追求不应该那么少,你需要更多的支撑点,搭起信念的高台,给它添上一双翅膀。

你需要注意人际关系

　　会交际也是一种能力,还是一种重要的能力。好的人际关系能够为你搭很多台阶,让你走得更为顺利。不要觉得欠人情麻烦,也不要觉得别人麻烦了你,大家互相促进,比你孤军奋战不知道要好多少倍。

　　何况,经营人际关系并不是让你变得长袖善舞,每天都在人际上大伤脑筋,今天一个饭局明天一个聚会,这是对人际关系的最大误解。人际,是认识某个人,和对方保持礼貌的联系和定期的交流,这种交流既可能是一起喝茶谈问题,也可能是一条祝福短信、一件小礼物。只要有心,人际关系没你想的那么费时费力。

娱乐

　　工作狂们认为娱乐是种罪恶,时间有限精力有限,怎么能够再去玩? 这更是一种误解。让我们回忆一下自己的小学和中学,想想班上那个学习最好的学生,他真的是只知道用功的书呆子吗? 再让我们随便进一所名牌大学,你会发现那里的学生思维活跃,爱学也爱玩;重新回到我们此时的状态中,用你自身的经历想一想,劳逸结合和拼命加班,哪一个效率更高? 不要忽视娱乐的作用,做一些让你轻松的事,给自己找点乐子,生活不应该那么乏味。何况,在娱乐的过程中,你能学到更多的东西,认识更多的人。

情感

很多人觉得事业和感情不可兼得,因为忙于事业的人很难有很多时间关心身边的亲友,陪伴自己的爱人。其实这是一种借口,是不重视感情的人在为自己的"不用心"开脱。你身边的亲人爱人难道不知道你有事业心?他们难道会故意给你添麻烦?

当你明确地说出你的目标,期望他们的支持,很少有人会跟你大吵大闹,他们希望的,不过是偶尔的一个电话,特意安排的一个假期,意想不到的一份礼物,这些东西,能占用你多少头脑和时间?感情用心经营,陪伴不是必须的,心意却是必须的,一定要让别人看到你的心意,知道你虽然忙,但总是记挂着对方。

信念不应该只是一根旗杆,孤单单地伫立,而应该是一棵树,不但要伫立,还要扎根,吸取养分,茁壮成长。经营自己的方方面面,让自己随着信念一同壮大,要记住信念是一种理念,你每天却需要面对实实在在的生活,你要先学会生活。

多做一点,就会有所发现

> 人人都有惊人的潜力,要相信你自己的力量与青春,要不断地告诉自己:"万事全赖于我。"
>
> ——纪德

皮尔斯最近陷入了胡思乱想,他是一个管道工,却很难静下心维修管道,他很想知道每个人的生活是不是早已被什么人决定好了,而人只是按照这个决定一步步生活。他不知道自己生命的意义是什么,他觉得自己是个废物。

这一切都是因为安妮。安妮是皮尔斯的女友,几天前提出了分手,她说:"我觉得你太普通了,没有任何与众不同的地方,你既不难看也不好看,既不聪明也不傻,既不浪漫也不古板,你普通得把你放在人群里,谁也不会记得你。我不想跟这样的人结婚。因为我也是个普通女人,我希望至少能嫁个不那么普通的男人,让我的生活有那么点不一样。"

失恋的打击,让皮尔斯开始正视自己,他发现自己的确是一个再普通不过的人,他的生活几乎没有什么波折,也没有什么低谷高潮。他一边修管道一边自怨自艾,结果,一个小时能完成的工作,他却干了三个小时——他的工作是按小时计费的,他只好对主人说:"抱歉,我总是走神,浪费了很多时间,你只需要付我半小时的费用。"

"你真是个诚实的人。"房子主人上下打量他,对他说,"我的工厂库房总是丢东西,没有一个管理员可信,你愿不愿意为我工作?薪水肯定比你现在高。"皮尔斯惊呆了,他没想到主动降价,竟然会带来一个不错的工作机会。

皮尔斯开始当仓库管理员,他仍然走不出失恋的阴影,他无精打采。看着仓库里杂乱的货物,他突然想反正这是一个清闲的工作,索性多做点事。于是,他开始重新设计仓库的结构,把里边的货物分门别类地摆放,让仓库看上去更整洁,而且工厂人员来领东西,也更方便。老板对他的工作非常满意,对他说:"我觉得你是一个很有头脑的人,我希望你进入我的工厂,学更多的东西。"皮尔斯再次惊呆了,他从不觉得自己有头脑。没想到自己为打发时间做的事,竟然又给自己带来了好运。

后来,皮尔斯成了工厂的管理者,在他一步步的奋斗中,他总结出一条经验:每个人其实都是普通人,有些人之所以不同,是因为他们比旁人多做了一些事。他对那些刚进工厂工作的年轻人讲授自己的经验,对他们说:"不要只做本分内的事,多做一点,对自己多要求一点,你得到的才能比别人多一点。"

我们总是希望自己不平凡,希望自己与众不同,当我们付出了努力,却发现自己还是一个再普通不过的人。人总是想知道如何出人头地,如何从一个较低的位置越走越高,很多人一直找不到门径,总是在"背景、学历、人缘"等因素上反复纠结,其实,决定走向的并不是这些,而是人的态度。

有付出才有回报,如果你希望得到一点什么,你就要多做一点什么。不要只做自己本职的一部分,做事不要觉得"我这么做就够了"。想要把事情做好,你做得远远不够。你需要不断地想,不断地添加努力,把事情做得更完美,才能显示出你的与众不同。举个最形象的例子,成功者与失败者有什么区别? 答案是成功者一定比失败者多想了几步,多走了几步。

"多一点"也是一种信念,当人们按照约定俗成的规矩做事,只要按部就班,就能在一开始的时候猜到结果。但是,如果多做一点,结果就可能会有改变。事情可能会因为这"一点"出现波折，也可能因为这"一点"得到好上几倍的结果。

对待事业，比兢兢业业再多一点

你需要更努力地从事工作，工作如果仅仅是朝九晚五，上班下班，做好上司吩咐下来的事务，你就永远是个普通的打工者。如果你愿意研究提高效率的方法，愿意研究如何与同事相处得更好，愿意研究怎样做更能让领导满意，晋升的机会正在向你招手。如果你愿意思考公司的大局，做什么事都能以大局为重，主动分担、计划、执行更多的担子，晋升已经不能嘉奖你，你的明天，也许是一位创业的老板。

对待感情，比一往情深多一点

你需要更认真地投入感情。感情如果只是约会看电影，结婚过日子，那么也只会陷入柴米油盐的寡淡之中。如果你愿意控制自己的脾气，多多体谅爱人的心情，更加深厚和谐的生活在向你招手。如果你愿意学习一点浪漫，给平淡的生活增加色彩，给爱人制造惊喜，甜蜜而不褪色的感情，就会在你们之间酝酿，飘香。

对待生活，比安分守己多一点

你需要更用心地去生活。安分守己的人懂得努力，懂得珍惜，维持一种平稳安乐的生活状态。但也正是这种安稳，让人安于现状，不思进取。如果你愿意多学几样技能，多尝试结交更多朋友，多寻找机会，更为辉煌的未来，就会在你手中创造。

信念可以很大、很抽象，也可以很小、很简单。我们都是普通人，懂得切合实际，不去做遥不可及的梦。但是，我们必须尝试做得多一些，这样生命才会有一次次的突破，我们也才能有更多改变命运的机会。凡事多做一点，这个小小的信念，会让量变积累为质变，让平凡变为不平凡，让生命处处都有新发现。

还要记住，多做一点固然是好事，但要警惕，不论做什么，都不要画蛇添足，这一点无用功，可能会让你成为笑柄。多做而不是傻做，做得恰到好处，才是真实的本事。

以梦想要求自己，才能成就梦想

> 一个人不是生下来就是他现在这样的，而是逐渐地成为他现在这样的。
>
> ——爱尔维修

每一位成功者都会面对一样东西：镜头。人们好奇成功者的长相和气质，想要观察他们的谈吐和动作，急于知道他们的成功秘诀。对这些东西，成功者们并不吝啬，但他们说的话其实千篇一律：成功，不过是聪明加努力，实力加机遇。有个作家采访了本国的数十个成功者，整理了一本《成功者名言》，发现几乎所有成功者说的话，都大同小异。

只有乔治·瓦特先生的经历让作家觉得趣味性十足，乔治·瓦特是餐饮大王，他的成功，既不是因为生活不幸给予了韧性，不是生而逢时遇到的机会，不是父母师长悉心的教育，也没有被谁的一句话醍醐灌顶，他说他的成功，是因为小时候喜欢看姐姐打扮。

乔治·瓦特先生的姐姐不是个美女，却爱美，坚信自己有魅力。每当她去参加舞会之前，乔治·瓦特就会看到貌不出众的姐姐变戏法一样地打开衣橱、化妆盒、首饰盒，从头到脚精心设计。什么样的衣服，什么样的鞋子，什么样的发型，什么样的耳环，什么样的唇彩和眼影，每一步都有学问。几个小时后，乔治·瓦特目送一位大美女走出家门，目瞪口呆。

乔治·瓦特还注意到，姐姐不像普通女孩那样注意文静、温和，她总是把头扬得高高的，在人群中特别引人注意，姐姐的追求者众多，但她很少随便与男生说笑。长大一点他才知道，那是美女特有的气场——虽然姐姐实在称不上是美女。乔治·瓦特说，在姐姐的影响下，从小就想当大老板的他总是以"我是老板"来要求自己，有人说他很会使唤别人，有人说他从小就有领导气质，他的确是个言出必行、说一不二的行动派，他想到什么就做什么，因为"一个老板不会被任何条件束缚，没有条件就去创造条件"。

"你想成为什么样子，就按照那个样子来要求自己。"这是乔治·瓦特先生总结的成功秘诀。

"你一定会成为希望中的样子。"这句充满激励的话让很多人觉得不切实际，谁也不是神仙，谁也不能想做什么就做什么，世界根本不会围绕着某个人转。但看看乔治·瓦特家的姐弟俩，却不得不相信，这样的话不是没有道理，信念能够改变很多东西，想要让人印象深刻，必须有强烈的信念和随之付出的努力。

我们要按照梦想中的样子塑造自己。每个人都有一个梦想中的未来，我们想要成为学者、作家、商人、演员、空中小姐、教师、医生……每个人的梦想都不同，想要实现，从现在就要做好准备。

了解自己的梦想。不论你想成为什么样的人，你都要对未来的行业、未来的角色有足够的了解。有人想当飞行员，如果你不了解飞行员对听力的极其苛刻的限制，像普通人那样随时把 MP3 耳塞塞进耳朵，等你报考的那一天，工作人员会非常遗憾地告诉你：听力有轻微的损伤，你没有资格了。这所谓的"轻微损伤"，对普通人没有任何影响，对飞行员却是致命的，你看，你的一丁点疏忽，就可能让你与梦想失之交臂。

调整自己的性格。每一种职业、每一个角色都有一定的性格要求，比如，想做个外科医生，马马虎虎的人肯定不行，一个手术可能需要十几个小时，心急火燎再加马虎,患者的生命堪忧。如果真的想要从事这一行,必须培养细心和耐心,即使是个急性子,也要学着坐住板凳,高度集中精神思考。

打造自己的形象。做什么事有什么样子,想做将军,就要先做个模范士兵,随时保持着笔挺的身姿,大无畏的气魄,遇到危险冲到最前面,或者掩护别人时走在最后面。你有这样的责任感和勇气,其他士兵自然而然会尊敬你、服从你。将军不是被谁选出的,事实上,往士兵堆里仔细看两眼,立刻就能知道谁是未来的领导者。你对自己的要求有多高,未来给你的回赠就有多少。

除此之外,我们还要积累知识,还要经营人际,还要积累经验,我们能为自己做很多事,一刻也不能偷懒。最重要的是,当我们以"未来"要求自己,我们会发现自己在逐步变成希望的那个样子,因为你得到了自己的承认、环境的承认,他们已经提前接受了你的身份和定位,你比别人提前走了好几步,这就是"梦想的反作用"。

我们将成为自己希望的样子。这句话不仅仅是激励,它完全有可能成为事实。让自己与梦想更接近,同样是我们必须具备的一种信念。每一天,我们都在告别昨日,每一天,我们都在走向未来。我们需要做的,是让自己的心更沉一点,把自己的潜能挖得更深一点,将脚下的路走得更稳一点。我们不怕没有运气,因为我们做好了一切准备,它早晚有一天会到来。